兵器世界奥秘探索

战争之神——火炮炸弹的故事

田战省 编著

吉林出版集团
北方妇女儿童出版社

兵器世界奥秘探微

战争之神——火炮炸弹的故事

前言
▶▶▶ Foreword

　　自从有了人类,就有了斗争。有斗争就会有战争。战争是人类发展史上不可或缺的一部分。那是因为人类为了满足自己的欲望,争夺或者反被奴役都是要用战争来解决的。那么在战争中,他们就需要一样东西来帮助自己,让自己能有把握在这场战争中取胜,这个东西我们叫它——武器。武器是可以帮助他们的,有了先进的武器自然地就能在战争中取得主动性,最终取得战争的胜利。从一开始的木质、石质和后来的金属质的武器,都是由不断发展和进步而来的,但是这些兵器都处在冷兵器的时代,然而当火药被发明的那一刻起,战争就慢慢地脱离了冷兵器的时代,走进了炮火连天的时代。

　　火药实在是一项伟大的发明,它带来了火炮,火炮的威力使在战争中的士兵们为之一惊。慢慢地,火炮被一直在改造和发展着,从简单化到今天的电子信息化,都是时代的进步,战争从此有了多样性。这些威力无穷的炮弹被发明后,无疑使战争的摧残性越来越强,武器越先进,带来的伤害也就越大。比如在过去的冷兵器时代里,敌我双方的战争仅仅就是停留在对打双方的身上,他们不管是用剑还是用矛,伤害的只是打斗的双方,但是,火药自从被发明以后,情况就完全不一样了,它带来的不仅仅是两个人的伤害,可怕的是火药一旦被放出就会造成大片的伤害。看到这一优越性,火药的新花样就陆陆续续地出现了,它在战争中的威力是有目共睹的,这样,火药就成了战争中不可缺少的一部分,直到现在的电子数字化时代,火药、炸弹、导弹等等,五花八门的战斗武器竟会在战场上耀武扬威。本书将就火炮的发展和种类娓娓道来,使读者为之耳目一新,会在各种各样的战斗武器中了解它们的威力,进而"游走"在战火连篇的书海里。

目录

▶▶▶ Contents

火炮简史

威猛战神

空中利剑

海上卫士

特种火炮

炸弹世界

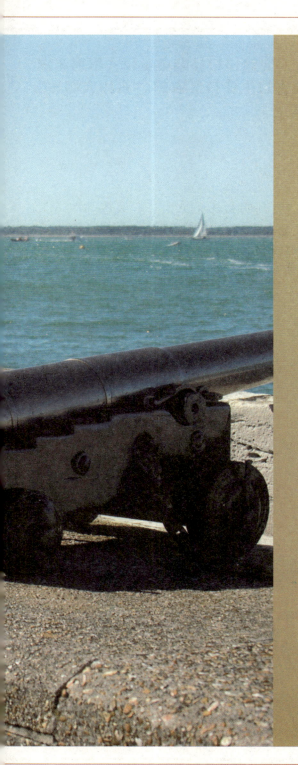

火炮简史

　　自从大卫举起他那把弹弓灵活跳跃击倒巨人伊利亚开始，战争便演变成火力和机动的联合体。由于技术的限制，机动速度一直难以提高。而人类的火力从希腊人的长矛，到罗马步兵的重标枪；从安息人的快速马上弓箭手，到阿金库尔战役中的威尔士长弓，武器的进步不断延伸着人手持刀、剑所够及的长度，人们也在不断追求火力的最大化。

> 古代的火炮是口径和重量较大形射击器
> 清朝火炮主要有红衣炮、"永固大将军"炮等

中国火炮记载 >>>

中国发明和使用火炮不迟于元朝,到明初已大批生产和装备部队。元朝和明洪武年间制造的火炮在中国各地博物馆中也有收藏。中国古代的火炮是一种口径和重量都较大的金属管形射击火器,由身管、药室、炮尾等部分构成,滑膛多为前装,可发射石弹、铅弹、铁弹和爆炸弹等,大多配有专用炮架或炮车。

火炮的鼻祖

中国古代有弩箭,弩的发明和广泛使用,使战场上的攻守与拼杀陡增几分惨烈。古代与弓弩共领风骚的还有一种被称为炮的"远程"射击武器,这种炮就是抛石机。抛石机在古代是一种攻守城池的有力武器,用它可抛掷大块石头,砸坏敌方城墙和兵器;而越过城墙进入城内的石弹,可杀伤守城的敌兵,具有相当的威力。从作战形式上看,它完全可以被认作是火炮的鼻祖,曾被称作"军中第一攻击利器"。

元朝的火炮

中国元朝的火炮我们只能从陈放在中国历史博物馆的一门铭文为元"至顺三年"(1332年)的盏口铜铳来进行了解,这个火炮的盏口口径105毫米,身管直径75毫米,全长35.3厘米,重6.94千克。铳身镌有"至顺三年二月吉日寇第叁佰山"三行铭文。这可能就是元朝较有名的火炮,元朝的火炮也基本上就以这一门火炮为标准。

明弘历年间的火炮

在1488年—1505年以前,明政府军器局所制造的各种火炮中,大碗口铳的数量为每3年造3000门。明初,又制造了身管较长的直筒形火炮,这种火炮的口径

↩ 抛石机是利用重物的重力发射。出现于中世纪初期,使用至15世纪,主要用于围攻和防守要塞。

兵器解密

对于火炮，我国古代是一直在发展着的，到了明朝前期的时候，火炮已成为军队的重要装备，军器局和兵仗局所制造的火炮，有盏口炮、碗口炮、神机炮、旋风铜炮、将军炮等十余种。

⚫ 元朝至顺三年所制的铜炮

108毫米，全长52厘米，重26.5千克，药室处有宽厚的箍。此外，还有1377年造的铁炮，口径210毫米，全长100厘米，两侧有双炮耳，用于调整火炮的射击角度。这是迄今为止所知中国最早带有炮耳的铁铸火炮。这种大口径直筒形火炮显然会增大火炮威力，表明早在14世纪下半叶中国古代火炮已发展到一个新的水平。

明永乐年间的火炮

明朝后期的火炮从16世纪20年代开始仍有发展。嘉靖年间制造的虎蹲炮，长0.6米，重21.5千克，配有铁爪、铁绊，发射前可用大铁钉将炮身固定于地面，形似虎蹲，这种炮克服了发射时后坐力大、跳动厉害的缺点。之后在1525年制造的"毒火飞"，炮筒用熟铁制成，装火药十多两，炮弹由生铁熔铸，弹内装"砒硫毒药五两"，点火后暴碎的碎片可以伤人。这是中国古代以火炮发射爆炸弹的最早记载。

明万历年间的火炮

在明朝万历年间还大量制造了身管较长的火炮。1592年在杭州制造的"天字一百三十五号大将军"铁炮，口径113毫米，全长143厘米，身管的长度同直径的比值明显增大。炮身有九道箍，铸有炮耳，安有两个

◎◎◎ 兵器简史

在火炮技术发展的同时，明末孙元化集中明代制造火炮的成果，吸收西方先进的造炮经验，撰写成《西法神机》一书。其后，焦勖于崇祯十六年在汤若望的传授下，辑成《火攻挈要》。这两部书是明末火炮制造的理论和工艺技术专著，对西方新式火器在中国的进一步传播产生了重大影响。

铁环。万历年间，明军援朝作战时曾使用过这种铁炮，在战争中起了重要作用。

清朝的火炮

清朝前期，清政府为适应统一全国及平定三藩叛乱等战争的需要，大量制造火炮。从康熙十三年至六十年，共造大小铜铁炮约900门。随着火炮的大量生产，康熙三十年，清政府成立火器营，专习枪炮。从19世纪50年代开始，清政府大量购买西方近代火炮，同时创办了一些近代军事工业，制造近代火炮，中国古代火炮逐渐被近代火炮所取代。

⬆ 清朝的火炮

兵器知识

> 古代中国亦有相关的火攻武器:猛火油
> 希腊火西方世界最为恐怖的化学武器

希腊火的传说 »»

希腊火是拜占庭帝国所利用的一种可以在水上燃烧的液态燃烧剂,主要应用于海战中。希腊火多次为拜占庭帝国的军事胜利作出颇大的贡献,一般人们都会认为它是拜占庭帝国能持续千年之久的原因之一,希腊火的配方现已失传,成分至今仍是一个谜团,但是它的威力还是留给了后人难以想象的威力。

起源

668年,一名叫做加利尼科斯的叙利亚工匠,曾在叙利亚的赫里奥波利斯城(今日黎巴嫩的巴尔拜克)从事建筑业,在寻找和研究建筑防水材料时,对化学特别是炼金术多有研究,并且进行了一些实验。随着阿拉伯人的崛起和扩张,叙利亚成为战火纷飞之地,加利尼科斯便逃往君士坦丁堡。在途经小亚细亚地区时,他发现了当地出产的一种黑色黏稠油脂可在水上漂浮和燃烧(其实这种油脂就是石油)。加利尼科斯突发灵感,产生了以之为武器的念头,并借助自己掌握的化学配制技术,进行了多次实验,并获得了成功。这就是"希腊火"的来源。

制作方法

对于希腊火的配方和制作方法,后世知之甚少,原因在于拜占庭皇室严格的保密措施。拜占庭研制和生产希腊火都在皇宫深处进行,身受御令的加利尼科斯家族控制着整个运作系统。有关这种武器的所有事情都严格保密,甚至不允许用文字记载下来。所以后世可以征引的希腊文资料中的确少见有关记载,只有几位皇室成

11世纪拜占庭手稿所描述的希腊火。

<

"希腊火"或"罗马火"是一种神奇的火种，可能就是古代的火炮，它们之所以有这样的名称只是阿拉伯人对这种恐怖武器的敬畏，拜占庭人自己则称之为"野火"、"海洋之火"、"流动之火"、"液体火焰"、"人造之火"和"防备之火"等等。

兵器解密

⊙ 飞机弹射器发射希腊火

的原因之一；它的贡献在人口不足以有效地抵御外侮的东罗马帝国末期尤其明显。希腊火的首次使用是在公元674年—677年于塞拉埃姆（在今土耳其）击败伊斯兰入侵者的战争；在公元717年—718年，拜占庭人也用了同样的武器击退伊斯兰入侵者。

员留下了一鳞半爪的资料。后来我们了解到的希腊火，还是要归功于阿拉伯人，让我们知道希腊火的四大特点：它可以在水上燃烧，它是液体，它用类似于虹吸管的装置喷射，它很可能在喷射的时候发出巨大的轰鸣声并伴以浓烟。

战争中的应用

希腊火在不少拜占庭的军事胜利上立下功劳，而它也是东罗马帝国长期屹立不倒

◄兵器简史►

早在公元前19世纪，火已经应用到守城战中，人们把火把、火藤等物抛向攻城的敌人。而随着时代的发展，火攻的材料、方法都在不断地提高。对于希腊火来说，这种提高的意义表现在相互联系的两个方面：第一，火攻技术的提高；第二，石油运用于火攻。

威力无比

希腊火在战争中的效果令人震撼。公元941年，基辅罗斯大公伊戈尔率领号称战船数千艘的罗斯舰队横渡黑海，奔袭拜占庭。基辅罗斯人随即攻打希腊之军。双方战斗激烈，希腊人虽然险胜对手，但基辅罗斯人却返回船上，准备逃走。希腊人随即上船，与他们交战，并开始用管子向基辅罗斯人的船只投射火器。令人胆寒的奇特景象出现了：基辅罗斯人看到大火燃烧，便纷纷跳入海中，准备泅水逃生；结果，没跳的人反倒回到家中。

⬆ 手持式希腊火攻击城堡的示意图

> "卡尔"只能携带炮膛、后部吊车各一发
> 中国1377年制造仅为100厘米长的臼炮

臼 炮 >>>

臼炮是一种口径大身管短的火炮。臼炮是较为古老的曲射火炮，因外形像石臼而得名。在战争中的使用也是较为普遍的，它的威力也是让人闻风丧胆的，第二次世界大战中的德国超级大炮，除了800毫米的"古斯塔夫"（多拉炮）之外，最有名的恐怕就是"卡尔"了。

"卡尔"臼炮来源

第二次世界大战期间，德国为了对付法国建造的"马奇诺防线"，于是就让德国莱茵金属公司从1935年起就投入到了新型臼炮的研制中，期间他们预想了好几种方案，这时一位重要人物出现了，他就是负责参与生产指导的炮兵将军卡尔·贝克。他对这种重炮寄予厚望，他认为一旦集中使用数门重炮肯定是无坚不摧。不过他担心生产进度赶不上战争爆发，于是建议打破了先预产再量产的常规，先生产6门火炮。在他一再坚持下，这个完全打破标准程序的建议得以通过。

横空出世

研制的6门火炮按时完工，这也是将这种重炮命名为"卡尔"的原因。6门"卡尔"重炮从1940年晚秋至1941年8月全部完工。除了"卡尔"的统称外，每门炮都还具有极具北欧神话色彩的个性化名字。1940年5月，样车开始进行各类试验，不久莱茵金属公司又展示了"卡尔"必不可少的四号坦克底盘

英国帝国战争博物馆
所藏之大口径臼炮

兵器解密

每门"卡尔"臼炮配19人的炮班,其中指挥官1人,炮手18人,另外底盘还需要正、副驾驶员各1人。在战争末期,每两门"卡尔"炮编成一个连,但是在完全没有制空权的战况下基本没有作用。

卡尔臼炮的比例模型

弹药搬运车。这种搬运车安装了机械吊臂和特殊的炮弹运输夹,可以在战场上直接为臼炮补充弹药。

扬威塞瓦斯托波尔保卫战

塞瓦斯托波尔攻坚战也被称为塞瓦斯托波尔保卫战,这是一次长达250天的攻防战役。当德军对塞城久攻不下时,又先后祭起了"卡尔"大炮和"多拉"大炮这两个法宝。1942年3月,第833重炮营又奉命支援塞城攻坚。4月18日,几辆"卡尔"到达指定射击位置的151高地附近。德军第22工兵连

用了22天为它构筑射击阵地。其间,德军运去了72发重弹和50发轻弹。6月2日起,这种"超级巨炮"开始轰击。在半个月的时间内,122发弹全部打完。后来又运去79发弹,射出75发。在"卡尔"巨炮和"多拉"大炮的轰击下,一些构筑极为坚固的苏军炮台和地下弹药库被摧毁;完成任务后,第833重炮营安全撤离。

华沙起义中的始作俑者

1944年8月1日,华沙起义爆发,波兰人民起义军对德国占领军发动了规模浩大的武装起义。只几天时间,起义军便占领了许多重要市区,德国鬼子有些吃不消,随即调集重兵镇压华沙起义军,先后调去装备"卡尔"巨炮的第628、428重炮兵连。德国占领军在给总部的报告中称,攻击"非常成功"。华沙军民在坚持63天的战斗中,起义军牺牲1.8万人,华沙市民牺牲25万人。"卡尔"巨炮扮演了屠杀华沙军民的极不光彩的角色。1945年4月11日是"卡尔"巨炮参加的最后的战斗,德国的第428重炮兵连在柏林以南50千米处迎击苏军潮水般地进攻。

兵器简史

为对付"马奇诺防线",德国莱茵金属公司从1935年开始研制新型臼炮,1937年8月设计基本完成,1940年秋至1941年8月先后制造了6门,分别是一号炮"亚当"、二号炮"夏娃"、三号炮"多尔"、四号炮"奥丁"、五号炮"洛奇"、六号炮"迪沃"。

1944年8月600毫米口径的卡尔臼炮开火

> 多数的红夷大炮重量在2吨以上
> 红夷大炮本来是西洋的火器

红夷大炮 ≫≫

红夷大炮是明代后期传入中国的,所谓"红夷",就是红毛的荷兰人,因为中国人常常看到的荷兰人就是一头的红发,因此很多人认为红夷大炮是从荷兰进口的。其实当时明朝将所有从西方进口的前装滑膛的加农炮都称之为红夷大炮,为了显示此武器的神秘和好兆头的象征,明朝的官员会在这些巨炮上盖以红布,所以就被谣传为"红衣"大炮。

远射程的炮弹

对重型的火炮而言,射程是衡量其性能的重要环节,即使现今也不例外。红夷大炮最突出的优点是射程。明朝自制铁火铳的最大射程不超过1500米,而且要冒炸膛的危险;而一般1500千克的红夷大炮可以轻松打到3500—4000米外,史籍记载最远可达10里!10里相当于现代5000米多,已经是相当远了。现代人曾经也对这个数据产生过怀疑,但是西方的同类型火炮的性能证明了这个数据是准确的。远射程的红夷大炮结合开花弹,成了明朝末期对抗后金攻城的最强武器。当时的战法为:将后金的骑兵引诱到红夷大炮射程内,然后用开花弹集中火力射击,这样就能产生极其厉害的效果。

红夷大炮也不完美

相对于中国的传统火器来说,红夷大炮铸造精良,威力不凡。从红夷炮铸造所遵循的"模数"、施放时的"炮表"化、辅助设施的配备、炮弹的多样化、射程的远近(射程可达2—4千米不等)、爆炸力的高强度中可看出,其威力着实惊人。但它的局限性也不小,虽然它在攻城方面的威力是巨大的,但是在野外的战争却远远不行,就不要说守城了。它的装填发射的速率不高,且炮体笨重,无法迅速转移阵地,故在野战时,多数情况下只能

🔴 红夷大炮是明代后期传入中国的,也称为红衣大炮。

所谓红衣大炮也就是红夷大炮，只不过自从清军入关后，清朝也大力使用并发展红夷大炮，但清朝人嫌名字不好听，便将"夷"改成"衣"，也就是后来的红衣大炮的由来了！

兵器解密

兵器简史

明朝进口的红夷大炮只有少量是从荷兰东印度公司进口，后来因台湾问题与荷兰人交恶，大多数是与澳门的葡萄牙人交易得来的。明朝当时的需求量巨大，葡萄牙人还做中间商，将英国的舰载加农炮卖给中国。

在开战之前就定点轰击，当对方情势发生逆转，则常常不能做好机动的反应。

松锦之战显神威

1639年—1642年，明清双方展开松锦大战，双方都使用了红夷大炮，明军在关内加紧造炮，清军把红夷大炮用于大规模的野战和攻城。松锦战前，清军由于火炮数量有限，质量低劣，攻城时，每次都攻不下，因而攻坚战往往被视为畏途。松锦之战虽然失败，但是清军并没有放弃，于是就再次攻城，

这次他们可以炸毁城墙近百米，这在以前明清战争史上是绝无先例的。明军对清军火炮的长足进展十分惊讶。松锦战后，明军关外火炮大多落人清军之手，只有驻守宁远的吴三桂部尚存有十多门红夷大炮，而此时屯兵锦州的清军已拥有近百门红夷大炮。

红夷大炮在清朝

1643年皇太极派人赴锦州督造红夷大炮；1644年清军入关后，农民军虽还能利用原有的不成规模的火炮和新制火炮与精于骑射、擅长野战和炮战的清军抗衡，但他们再也无法阻挡以先进的红夷炮群装备为主的清军。清顺治年间，出于镇压农民军和消灭南明抵抗政权的需要，火器生产的势头有增无减。清廷在北京设立炮厂、火药厂，由兵仗局统一管理，由此导致了清代第二次火器生产的高潮。

红夷大炮铸造精良，威力不凡，相对于中国的传统火器。从红夷炮铸造所遵循的"模数"、施放时的"炮表"化、辅助设施的配备、炮弹的多样化、射程的远近（射程可达 2—4 千米不等）、爆炸力的高强度中可看出，其威力着实惊人。

> 沙皇炮的俄语意思就是炮帝
> 沙皇炮是世界记录上最大的榴弹炮

兵器知识

沙皇炮 >>>

在历史的舞台上,总会有权贵们为了争得自己的统治大权挑起贵族之间的争斗,那么战争就是必然的了。有战争就必然会有武器的对决。谁的武器先进,谁就能在战争中有力地消灭敌人。俄国的沙皇炮就是在这样的背景下铸造出来的,可惜的是,它并没有发挥它在战场上的作用。

朝政纷争

伊凡四世在狂暴中打死王储伊万之后,只剩下两个有可能的继承人:弱智儿子费奥尔多和褓襁中的幼子季米特里。最终伊凡四世宣布立费奥尔多为王储。他深知这个弱智的儿子不足以继承大统,所以又指定5位大臣组成摄政会议,共同辅佐日后的费奥尔多。伊凡四世死后,为控制弱智的沙皇、争夺权力,摄政会议里的5位大臣马上分为两派,展开了激烈斗争。在这5位大臣里,国舅戈东诺夫和别利斯基大公两人主张支持费奥尔多,主张继续加强中央集权,而舒伊斯基和姆斯季斯拉夫斯基大公正好相反,主张立年幼的季米特里为沙皇,主张扩大贵族们的权力。费奥尔多的舅舅扎哈林处于中立位置,不断调和两派,寄希望于各方和解,但是这场斗争却是越演越烈,争权夺利的战争一触即发。

克里姆林宫的沙皇炮是全世界最大的大炮。图为克里姆林宫展示的沙皇炮与其炮弹,炮架上有着狮头雕刻。

　　我们往往会将霰弹与葡萄弹混为一谈，认为它们就是属于同一种的弹丸，其实并不是这样的。这里需要强调一点的是：霰弹并不完全等于葡萄弹，葡萄弹的原理近似霰弹，但它当时是海军的弹种，而非陆军的。

兵器解密

要用来炫耀自己的军事实力与铸造这门大火炮的技术。

炮身浮雕

　　沙皇炮在制造出来后并没有在战场上发挥它的作战作用，在以后的日子里只是一个摆设而已。沙皇炮在制造出来的时候还有着极其美丽的外观，那就是炮身上有个浮雕，这个浮雕主要描绘了费奥多尔·伊万诺维奇本人骑马之姿。我们知道俄国沙皇费奥多尔·伊万诺维奇是一个弱智的皇帝，他会要求制作的工人们绘上自己的飒爽英姿吗？还是王公大臣们的别有用心？我们不得而知。但是，不可否认，能在炮身上绘制出一个人的骑马之姿，足见制作之精美。

　　莫斯科克里姆林宫外展示的巨大沙皇炮，1586年在俄国沙皇费奥多尔·伊万诺维奇命令下由铸造专家安德烈·契科夫制造。其重量约18吨，全长5.34米，口径890毫米，外径1200毫米，为吉尼斯世界记录上最大的榴弹炮。这是沙皇炮的侧面照。

横空出世

　　这样在克里姆林宫，王权的统治中心就受到了威胁，于是1586年在俄弱智的沙皇费奥多尔·伊万诺维奇命令下，沙皇炮由铸造专家安德烈制造。其重量约36吨，全长3.6米，口径0.6米，外径0.8米。沙皇炮在铸造好的初期，是打算在作战的时候发射葡萄弹，职责就是负责保卫克里姆林宫。不过它实际上并未使用过，被无知的沙皇朝廷主

葡萄弹

　　为了便于装填，将数颗球形铁弹子或铅弹子装在一个弹壳（圆桶和箱形弹体）内，或者是将它们固定在一起，因为外面没有壳包裹，样子就像一大串的葡萄，所以就称为葡萄弹。

◀ 兵器简史 ▶

　　采用网兜将散弹装捆成一束，很像是一串葡萄，故名葡萄弹。射程虽比不过实心弹，但是近距离发射一炮可以瞬间撂倒几十个敌兵，足以让一个步兵中队溃散；海战中可以将敌方军官和水兵大片撂倒，达到瘫痪敌舰的目地。

➲ 葡萄弹

兵器知识 > 大沽炮台素有海门古塞之称
电岩炮台在当时有效射程达到9000多米

炮 台 >>>

炮台在战斗中是能很有效地抵御敌人进攻的,它能在敌人达不到的地方很轻易地射击到上前进攻的敌人,是很难进攻的,指挥官们都在大叫:因为步兵怕死不向前冲,所以才老拿不下炮楼。其实,炮楼耗战的最大原因是战术不规范,大量的误伤和无用攻击。日本帝国主义侵略时,每到一处都构筑碉堡,以镇压人民的反抗,群众称"碉堡"为"炮楼"。

大沽炮台

大沽炮台是明朝嘉靖年间为了抵御倭寇,加强海防战备,开始构筑的堡垒。炮台内用木料构建,外用青砖砌成,白灰灌浆非常坚固。这是大沽口最早的炮台。1816年,清政府在大沽口南北两岸各建一座圆形炮台。第一次鸦片战争后清政府对炮台进行增修加固。至1841年已建成大炮台5座、

土炮台12座、土垒13座,组成了大沽炮台群,形成较为完整的军事防御体系。1858年,僧格林沁作为钦差大臣镇守大沽口,对炮台进行全面整修,共建炮台6座,其中3座在南岸,2座在北岸,另一处炮台建在北岸石壁之上,称"石头缝炮台"。1870年,李鸿章出任直隶总督兼北洋大臣后,十分重视大沽口的军事防务,对原有炮台进行了加固,同时增建了平炮台3座。1875年,再次对原有炮台进行了整修和扩建,从欧洲购买了铁甲快船、碰船、水雷船等武器装备,使大沽口成为抗击帝国主义侵略的重要军事海防要塞。

大沽口炮台是近代中国人反侵略的重要遗迹。位于天津市东南方塘沽区海河与渤海的交会处,是从水路进入天津、北京的要隘。

兵器解密

烟台东炮台是已有百年历史的古炮台，由德国技师设计督造，耗银达 100 万两，炮台建筑风格中西合璧、结构严谨、气势恢宏，为我国目前保存最完整的海防设施之一，同时也是烟台近代爱国主义和国防教育基地。

胡里山炮台

数大炮和炮弹都是从德国克虏伯厂购买的。俄军占领旅顺口之后，这块宽 50 米左右，长约 200 米的炮台阵地引起了俄军的青睐，俄军在规划旅顺口海防防御图时，把这里称为"15 号"炮台。在"15 号"炮台上，设炮兵一个连（称连长为司令），在炮台上布置 1895 式 254 毫米口径海岸炮 5 门，57 毫米火炮一门，探照灯两座。由于这两座探照灯口径大、射程远，可以在夜间辐射 1 公里范围之内的一切目标，探照灯采用动力源为电力，又架设在海边岩石上，因此称炮台为"电岩炮台"。由于电岩炮台在旅顺口军港东边，成了旅顺口军港沧桑历史的见证。俄太平洋分舰队驻旅顺口司令官马卡洛夫率领一批军官出海，在电岩脚下触到日军布置的水雷，当兵舰徐徐沉入水下的时候，人们看见这艘巨舰尾部高高翘起，两分钟工夫，马卡洛夫及 620 名俄军水兵、27 名军官，还有来舰上体验生活的俄著名画家维列夏金一起葬身海底。

洋务运动的产物

胡里山炮台位于厦门东南端海岬突出部，始建于 1894 年 3 月 8 日，竣工于 1896 年 11 月 8 日。炮台总面积 7 万多平方米，城堡面积 1.3 万多平方米，分为战坪区、兵营区和后山区，内开砌暗道，筑造护墙、弹药库、兵房、官厅、山顶瞭望厅等。炮台结构为半地堡式、半城垣式，具有欧洲和我国明清时期的建筑风格。胡里山炮台地理位置重要，炮台还配备了当时最优良的装备，特别是两尊 280 毫米口径、射角为 360°的克虏伯大炮，威力巨大，成为战略性炮台，是主炮台、指挥台，是厦门要塞的"天南锁钥"。在民国初年，海军四次打胡里山炮台都没有将它打垮，可见它在海战中的优势。

电岩炮台

电岩炮台原是清军在旅顺口沿岸修筑的 13 个炮台中的一座。这些炮台的大炮除了少数小径的是中国军工厂自造的外，大多

> 卡尔托过去是个画家,不谙军旅之事
> 土伦之战是世界上著名的战争

土伦之战中的火炮 »»»

在法国的历史上,有过荣誉和骄傲的城市是不胜枚举的。然而,像土伦这样一直引起人们兴趣的却为数不多。这是因为,1793的土伦战役,不仅对保卫法国的大革命起了巨大的作用,而且同拿破仑这一伟大的历史人物有着特殊的联系。24岁便荣升准将的拿破仑指挥土伦战役取得胜利,因而崭露头角。

战争背景

1793年7月,占领土伦和南方其他几个城市的王党分子为了推翻雅各宾派专政,恢复波旁王朝,竟然允许反法联军英国和西班牙舰队驶入土伦港,其他外国军队也都相继踏进了这个港口。这一情况犹如晴天霹雳震惊了整个法国。为了捍卫新生的革命政权,打退国内外反革命势力的猖狂进攻,革命政府颁发了全国总动员法令,动员人民起来扫除叛乱、抵御侵略。没多久,两支大军便开赴土伦前线,一场著名的围攻战开始了。

拿破仑的出现

围攻起先是由纨袴子弟卡尔托指挥,但是战事却屡屡不顺,炮兵指挥多马尔坦也在围攻战中受伤致残,收复土伦的前景十分黯淡。就在这时,拿破仑出现了。他是被调往一个海防部队去的,途中正好路过革命军部队驻地,却被他的同乡推荐担任土伦平叛部队的炮兵指挥官。9月中旬,拿破仑到达土伦前线。

重视火炮

拿破仑到了土伦后很快就发现这里的炮兵既无足够的火炮,又无充足的弹药,只有几门破破烂烂的野炮和臼炮。而且士兵们都没有经过正规的训练,不会正确使用火炮,更不用说修理了。让人感觉更可笑的是,他的上司竟然连炮的射程都不知道。面对如此状况,拿破仑首先是想方设法去搜集各种火炮。没过多久,他就找到了近百门大口径火炮

● 1793年,英西联合舰队进驻土伦。

兵器解密

1793年7月，随着英国人和西班牙人进驻法国，到9月底，土伦的外国军队已经达到了1.4万人，其中英国军队3000人，西班牙军队5000人，那不勒斯军队4000人，撒丁军队2000人。

《跨越阿尔卑斯山圣伯纳隘道的拿破仑》是法国画家雅克·路易·大卫的名作，这幅作品是一幅富有创造性的历史肖像画，充分显示了大卫对于拿破仑的崇拜之情。

及大量的弹药。

胜利在握

这天晚上的情景注定着一件大事就要发生了。电闪雷鸣，大雨滂沱。在凌晨1点钟，杜戈米埃将军指挥着法军从南北两翼开始攻击，直扑"小直布罗陀"。不幸的是法军在黑暗和混乱中迷失了方向，这时敌人猛烈的炮火依然在继续，使得大批法国士兵倒在血泊里。就在法军产生退缩的关键时刻，拿破仑的预备队冲了上来。拿破仑身先士卒，

→ 拿破仑的炮兵

◆━━ 兵器简史 ━━◆

11月下旬，围攻土伦的日子临近了。前线司令部最后批准了进攻作战计划。这期间他们进行了充足的进攻准备。12月14日，对土伦的总攻正式开始。法军使用45门大口径火炮，集中地向"小直布罗陀"猛烈轰击。

虽然受伤了，但是他仍继续指挥着战斗。这时拿破仑准备出其不意地从棱堡的后门攻入"小直布罗陀"堡。不久派去的部队就打开了一个缺口，许多英国和西班牙炮兵还没明白过来是怎么回事，便被法军杀死在大炮旁。战斗一直持续到天亮，敌人感到大势已去，放弃了毫无意义的抵抗。17日上午10点，法军在调整部署以后，再次向敌人发起进攻，又经过几个小时的激烈战斗，终于将敌人全部逐出了克尔海角，法军取得了这次战争的胜利。

> 法军闯入德境，就遭到普军的迎头痛击
> 拿破仑三世失败后有650门大炮被普军缴获

色当战役中的火炮 >>>

色当战役发生于1870年9月1日，当时普法战争正在进行。这场战斗的结果是，普军俘虏了法皇拿破仑三世以及他统率下的军队，虽然普军仍需要与新成立的法国政府作战，但此战实际上已经决定了普鲁士及其盟军对法作战的胜利。

简　介

当时12万强大的夏隆法军由帕特里斯·麦克马洪元帅指挥，并与法皇拿破仑三世会合，欲解救梅斯之围，但被默兹省的普鲁士军队于比尔望特战役击败。默兹省的普军与普鲁士第三军团由陆军元帅赫尔穆特·冯·毛奇指挥，并联合普王威廉一世及普鲁士首相奥托·冯·俾斯麦围困麦克马洪的军队于色当，形成一个巨大的包围战。麦克马洪元帅在战斗中受伤，须将指挥权交给奥古斯特·亚历山大·杜确特将军。

狂妄自大

战争开始时，拿破仑三世充满了信心，他把号称40万的大军调到前线，准备采用先发制人的策略一举冲入德意志境内，打败普鲁士。于是他自封司令，在7月28日到前线视察。可是，他到前线后却发现，前线只有20万军队。军事要塞麦茨的兵力不足10万，而且装备不齐，物资不足，编制混乱。作战命令已经下达了，不少官兵还未找到自己所属的部队，根本无法投入战争，战机一个个失去了。法军坐失良机，普军却赢得了时间。8月4日，普军转入反攻，向法军发起凌厉的攻势，攻入法境内法军前哨阵地维桑堡，法军败退。

色当之战

拿破仑三世在作战后看到情况不妙，立即打退堂鼓。9月1日，色当会战开始了。普军700门大炮猛轰法军营地，炮弹像雨点一样落向法军阵地，色当全城一片火海，硝烟弥漫。法军死伤无数，余下的急忙钻进堡

🔊 拿破仑三世在色当会战被俘与普鲁士首相奥托·冯·俾斯麦对话。

1852 年 12 月 2 日，路易·波拿巴黄袍加身，号称拿破仑三世，建立法兰西第二帝国。他执政期间，多次对外发动战争。利用民众对拿破仑一世的迷信，依靠工商业与金融资产者的支持，大力促进法国工业革命，使他得以执掌第二帝国政权长达 19 年之久。

兵器解密

垒。麦克马洪几次受伤。接着，普军 20 万人向色当发起猛攻，下午 3 点，法军终于支撑不住，在色当城楼举起了白旗，拿破仑三世还向普鲁士国王写了一封投降书。9 月 2 日，拿破仑三世会见德国首相俾斯麦，正式签署了投降书。拿破仑三世、法军元帅以下的 39 名将军及 10 万士兵全部做了普军的俘虏。

法军战败

在战争进行到最后的时候，拿破仑三世知道自己已经没有突围的机会了，于是下令停止战斗。9 月 2 日，拿破仑三世下令悬起白旗，向毛奇和普鲁士国王投降了。皇帝被

在色当战役中普军使用了大量火炮。

俘令普军没有了一个敌对的政府去维持法国的和平。果然，当两日后皇帝被俘的消息传到巴黎之后，一场非流血的革命爆发，推翻了法兰西第二帝国，建立了一个新临时政府，他们希望多抵抗 5 个月，以此来改变法国的命运。

历史影响

法军在色当战役中的大败和皇帝被俘，已经象征着法国不能改变命运。由于法兰西第二帝国被推翻，拿破仑三世被准脱离普军的拘留，流亡到英格兰。同时，在两星期之内，普军第三军和梅斯的普军进行了巴黎之围。色当战役也是世界近代史上的一次著名战役，这次战役标志着法兰西第二帝国的灭亡和德意志帝国的建立，更标志着日耳曼民族成为了一个整体，并以独立的姿态屹立于世界民族之林。

在色当会战后挂着灯饰的勃兰登堡门，横额上写着"在神的带领下的一个新转变"。

兵器简史

色当的这场战役快要结束的时候，拿破仑三世命令停止战斗，这场战役法军 1.7 万人伤亡、2.1 万人被俘。普军报称 2320 人阵亡、5980 人受伤、700 人被俘或失踪。

> 巴黎大炮总共生产了7门
> 巴黎大炮的设计堪称世界一流

巴黎大炮 >>>

如果说敌我双方的作战距离比较远，所拥有的火炮远不能打到对方的阵地，这时就需要1门远距离的火炮来达到目的。巴黎大炮就是一门超远射程的火炮，它的最大射程达131千米，堪称世界之最。起初它被命名为"威廉大炮"，后因为炮击巴黎而闻名，故得名"巴黎大炮"。大炮的口径210毫米，身管长34米。

巴黎大炮的来源

1918年3月23日7点20分，一声巨响突然在法国巴黎塞纳河畔响起。伴随着滚滚浓烟，从睡梦中惊醒的巴黎市民四处奔逃。之后，每隔15~20分钟就有爆炸声在巴黎城内响起，一直持续到下午。当天黄昏，法国的电台广播了这样一则消息："敌人飞行员成功地从高空飞越法德边界，并攻击了巴黎。有多枚炸弹落地，造成多起伤亡……"可是，对于电台的说法，巴黎市民并不相信，因为他们既没有看到飞机，也没有听到飞机的轰鸣声。6天后，德军的一发炮弹击中了巴黎市中心的圣热尔瓦大教堂，造成91人死亡、100多人受伤的惨剧。巴黎市民人心惶惶，纷纷议论是否德国人已经攻入了巴黎。就在人们惊慌失措的时候，法国的特工在靠近法德边界的克雷彼发现了德国的一种远程大炮，并认定轰炸是从这里发起的。但当时普通大炮的射程最远不过一二十千米，而克雷彼距离巴黎120千米之遥，不要说法国人，就是不明就里的德国人也认为这是无稽之谈。可事实上，这种被命名为"威廉火炮"的超级巨炮就是德军最新研制的秘密武器。鉴于其威震巴黎的业绩，德军又把它称为"巴黎大炮"。

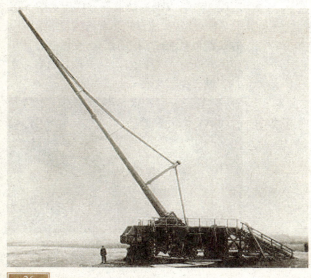

◀ "巴黎大炮"的设计与制造堪称世界一流，其射程之远也堪称世界之最。

兵器解密

"大多拉"除了身管长度和射程不如"巴黎大炮"之外，在许多方面都堪称世界之最：全炮约长43米、宽7米、高11.6米，有4层楼那么高，重1350吨，几乎是"巴黎大炮"的两倍，它的块头之大，宛如一艘军舰；炮弹也大得惊人，有7.8米长，竖起来比两层楼还高，其中榴弹丸重4.1吨。

攻城炮在20世纪前期是很有市场，特别是尝到了甜头的德国，更是青睐巨型炮。

二战中的火炮之王——"大多拉"炮

1935年，为了突破马奇诺防线，希特勒下令研制一种超过"巴黎大炮"的新型超级巨炮。经过7年的努力，1942年春，克虏伯兵工厂终于造出了一种800毫米口径的超级巨炮，称之为"大多拉"火炮。在攻克塞瓦斯托波尔要塞的战斗中，"大多拉"炮立下了汗马功劳。它向该要塞的7个主要目标共发射了48发巨型炮弹。剧烈的爆炸声似电闪雷鸣，惊天动地，一股股浓烟从要塞升起。炮弹降落之处，立即化为废墟，尤其是其中有一发炮弹击毁了在席费拉亚湾北岸埋在岩石下30米深的一个巨型弹药库。令德军和苏军都为之震惊。

◆ "大多拉"作为德军最高统帅部的王牌，由一名陆军少将担任总指挥。射击时则由一名上校具体指挥。直接操作大炮的士兵多达一千四百多名，加上两个担任防空任务的高炮团、警卫人员、维修保养人员，共需要四千多人。

兵器简史

"大多拉"炮大得出奇，炮膛内可蹲下一名大个子士兵。为纪念该厂的创始人古斯塔夫·克虏伯，希特勒叫它"重型古斯塔夫"，而设计师穆拉为纪念自己的妻子，将巨炮命名为"多拉"，但德国炮兵则更喜欢叫它"大多拉"炮。

一战中的"大贝塔"炮

一战中，日军攻陷旅顺港的经验证明，重型火炮对于进攻要塞来说，是必不可少的。这种重型火炮应是一种短炮管的迫击炮，能以高角度发射，使炮弹落在堡垒的顶部，同时又能相当准确地击中特定目标。德国人组织一些有经验的设计师与工程师进行集体攻关，终于在1909年秘密研制出一种巨型臼炮，称为"大贝尔塔"炮。这种炮长7米，炮口直径420毫米，炮身连同炮车重达120吨，能将近1吨重的炮弹发射至14.5千米之外的目标。每发炮弹用掉的发射药近200千克重，需要二百多名炮手。它还能发射装有延发引信的破甲炮弹，让炮弹穿入目标内部后爆炸。由于它发射时会产生巨大的后坐力，因而必须浇筑几米深的混凝土底座，移动时再把它炸掉。仅安置炮位就需要6个小时。巨型

> "古斯塔夫"是最大口径可移动的大炮
> 古斯塔夫重炮也有"长古斯塔夫重炮"

古斯塔夫重炮 》》》

德国800毫米古斯塔夫重炮，是德国希特勒时期由克虏伯公司制造的超重型火炮。他们的设计与制造目标，是为了给前线部队提供曲射支援火力，击毁当时仍然为各国陆军视为防御主干的大型要塞与巨型碉堡。为了追求强大的破坏力，因此该火炮口径高达800毫米，重达1344吨，可将重达7吨的炮弹投射到37千米以外的目标。

身世来源

古斯塔夫重炮研制的目地就是要攻打法国当时的国防设施"马奇诺防线"。1934年位于德国埃森的克虏伯公司接到来自德国陆军司令部的一纸要求，信中表达希望克虏伯设计出一款能够击毁"马奇诺防线"的重炮，最好一炮就能狠狠地打穿7米厚的混凝土掩体，还要从敌人炮兵无法还击的距离外进行发射。克虏伯的工程师艾利希·穆勒博士在计算后发现，如果要达到这个说起来很简单的目标，光是炮弹就要重达7吨，口径大约是800毫米，炮管长度至少要30米，整个炮体重量要1000吨，如果还要它具备机动性，以上就需要将整体重量分摊在两组铁轨上。

咸鱼翻身

一直到1936年3月之前，整个设计方案在提交之后就被遗忘了。之后是希特勒在视察克虏伯公司时又提起将巨型重炮导入量产的话题。然而这并非直接的要求，不过倒是让800毫米口径的重炮又有重起炉灶的开始，最后在1937年初获得生产制造许可。第一座炮的组装从1937年夏天开始，但是没有想到的是，巨大的组件本来就有制造上的困难，加上一边生产一边组装反而将进度拖到1940

德国800mm K（E）铁道炮又称为古斯塔夫重炮。

古斯塔夫重炮巨大的体积必须由将近250人以3个工作日的时间组装起来，另外要大约2500人负责铺设铁轨，以及支援空防或其他勤务，才能够开始进行炮弹射击。尽管美军拥有口径高达36英吋的"小大卫"迫击炮，犹胜过古斯塔夫重炮，但是缺乏精准度与实战经验。

⟳ 古斯塔夫重炮巨大的体积必须由将近一个营约250人以3个工作日的时间组装起来。

年的晚春时还连个影子都没出来。不过古斯塔夫重炮的测试型火炮却在1939年底于希勒斯雷奔的试射场完成测试。然而令人惊异与不解的是，当1940年中期在所有的测试都完成后，德国人反而将整个炮拆解销毁，原因是正式的出场检测定于1941年春进行。

古斯塔夫重炮

1942年3月，德国炮兵将古斯塔夫炮千里迢迢送到克里米亚战场。列车于3月初到达佩瑞柯普地峡。古斯塔夫重炮于5月初进入阵地，到了6月5日，古斯塔夫重炮发出对大地的雷鸣。围城之战一直到7月4日为止，塞瓦斯托波尔市可以说是一片废墟了，德国人在这块土地上一共倾倒了3万吨的弹药。古斯塔夫重炮出死力发射了48发炮弹，刚好把膛线全部磨光，这不包括在研发与测试期间一共发射了250发炮弹。不过劳师动众也有个好处，就是享有携带备份物品的空间与能力，趁着阵地转移到东部战

线北边而需要拆卸的时机，古斯塔夫重炮将旧的炮管送回埃森的原厂复刻膛线，顺便换上备份的炮管，这样它就能继续作战。这样的作战能力不是一般的火炮都能达到的，在战争中的应用才能更好地体现它的这一优越功能，以提高战斗的主动性。

最后的命运

1942年冬，德国准备攻打列宁格勒，偏偏整个任务又被高层取消了，炮组官兵们只好在此度过了1943年的新年。冬天过完之后，古斯塔夫重炮回到德国进行大翻修，并且待了德国。长期以来，一直有谣言宣称古斯塔夫重炮也参与了1944年的华沙起义镇压行动，事实上只不过是因为波兰陆军博物馆展示一枚朵拉炮在达渥佛试射场所使用的炮弹，就这么以讹传讹说有这么回事儿。古斯塔夫重炮最后的命运是在1945年4月22日前被德国人自行炸毁了。

◀ 兵器简史 ▶

"多拉"炮是第二种重炮，曾经有过一段不寻常的经历。1942年8月中旬德军携"多拉"抵达斯大林格勒以西15千米处进入默认的阵地，准备进行战备部署，战备于9月13日完成。不过又很快地撤除并且离开阵地，原因是苏联部队的合围圈即将完成，德军竭尽所能不让这个大家伙落入苏联手中。

兵器知识

> "喀秋莎"的成功是苏联人民的骄傲
> 苏联共生产了2400门БМ-8系列火炮

喀秋莎的故事 》》》

　　苏联火箭武器的研制可以追溯到沙俄时代。"一战"爆发后,苦于飞机装备的武器威力不足,俄国人便想在飞机上安装大威力的航空武器。喀秋莎火箭炮研制成功后,在战场上发挥着强大的作用。据说喀秋莎火箭炮的名字来源于发射筒上的英文标志"k"字。看见发射筒上的"k"字,索性想起了一个名叫喀秋莎的姑娘。

设计制造

　　1938年10月,苏联的火箭炮车载实验正式开始。1939年3月,沃罗涅日的"共产国际"工厂8导轨的БМ-13-16试制成功,它的发射架是工字型的,在上下可分别挂1枚火箭弹。苏联军方随即对其进行了各项严格的测试。测试结果表明,БМ-13特别适合打击暴露的密集敌有生力量集结地、野战工事及集群坦克火炮。由于БМ-13是自

己行驶的,因此也适合打击突然出现的敌军以及与对方进行炮战。不过由于火箭炮发射时烟尘火光特别明显,且完全没有防护,因此它不适合在敌炮火威胁比较大的地域里作战。

"喀秋莎"的来源

　　1941年6月28日,苏军决定组建一个БМ-13特别独立火箭炮连。30日夜,头2门火箭炮开到了驻地。第2天,炮兵连正式成立。当时只有7辆试生产型的БМ-13,3000发火箭弹。经过1个多星期的应急训练后,全连已经熟练地掌握了火箭炮的操作方法。由于极端保密,连炮兵连的人员都不知道火箭炮的正式名称,但是炮架上有一个"K"字,便就称其为"喀秋莎"。其实那只是"共产国际"一个工厂的名字,这个名字后来不胫而走,几

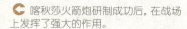

喀秋莎火箭炮研制成功后,在战场上发挥了强大的作用。

M-30是一种超口径火箭弹,战斗部的口径是300毫米,后部发动机的直径只有152毫米。这样就相当于减少了火箭弹发射药的药量,导致M-30的射程只有2800米。不过M-30火箭弹战斗部装药达28.9千克,比203毫米榴弹的威力还大,可以摧毁战争后期德军的坚固火力点。

兵器解密

🔊 "喀秋莎"背后运载火箭

乎成为红军战士对火箭炮的标准称呼。

被迫销毁

1941年10月初,德军发起了进攻莫斯科的"台风"战役。10月7日夜,正在行军的费列洛夫连在斯摩棱斯克附近的布嘎特伊村不幸与德军渗透的先头部队遭遇。炮兵连沉着应战,炮手们迅速架起火箭炮,其他人员则拼死挡住德军的冲锋,为火箭炮的发射争取时间。在打光了全部火箭弹后,为了不让秘密落到敌人手里,苏联炮手彻底销毁了7门火箭炮。由于发射火箭弹和销毁火箭炮耽误了时间,炮兵连被包围。在突围

兵器简史

十月革命胜利后,苏联在航天火箭方面投入了很大的精力。1921年,专门研制火箭的第2中央特别设计局成立。经过不懈地努力,苏联设计师先后研制出了可以稳定飞行400米的固体火箭,射程1300米的火箭弹以及PC-82毫米和PC-132毫米航空火箭弹。

过程中,包括连长费列洛夫大尉在内的绝大部分苏军官兵壮烈牺牲。1941年6月30日,沃罗涅日的"共产国际"工厂开始批量生产БМ-13火箭炮。7月23日,首批批量生产的火箭炮顺利地通过了测试。从此,"喀秋莎"开始大规模生产并迅速装备部队。

实 战

在实战中发现,БМ-13在泥泞路况下的越野机动性不够,便想开发一种履带式的火箭炮。但是能够搭载132毫米火箭发射架的履带底盘只有T-34和KB。显而易见,在当时急需坦克的战况下,炮兵是不可能获得这些底盘的。到了1942年,美国正式参战,大批美援物资源源不断运抵苏联,其中最珍贵的当属各种运输车辆了。美国的通用GMC 6X6卡车的性能比苏联自己的ЗИС-6卡车好得多,因此,1943年以后生产的火箭炮几乎都是以通用GMC卡车为底盘,这种型号的火箭炮改称БМ-13H。

战场上的"喀秋莎"

1943年夏天的库尔斯克战役后,苏军利用M-30火箭弹研制出BM-31-12火箭炮。原型车使用木制弹架,携弹量6发,生产型改为钢管焊接弹架,携弹量增至12发,上下两排排列,射程达到4.25千米,平台仍是吉斯-6和美制US-6并用。BM-31-12从1944年下半年起,配属给一支准备反攻德国本土的部队。生产数量不详,根据1945年5月1日记在册的数量,共有1047辆。

> 火炮的倍径愈大，炮管愈细长
> 火炮对目标的瞄准可用射击指挥仪器自动进行

现代火炮分类 》》》

在火炮还没有发明之前，战争还只是停留在冷兵器时代，自从火炮发明后，它在战场上的威力让人瞠目结舌，在战争的利用率越来越高，它的样式也在不断发展中改变。所谓火炮，就是利用火药燃气压力等能源抛射弹丸，它由炮身和炮架两大部分组成。早在 1332 年，中国的元朝就在部队中装备了最早的金属身管火炮——青铜火铳。

火炮的分类

火炮自问世以来，经过长期的发展，逐渐形成了多种具有不同特点和不同用途的火炮体系。火炮按用途分为地面压制火炮、高射炮、反坦克火炮、坦克炮、航空机关炮、舰炮和海岸炮。其中地面压制火炮包括加农炮、榴弹炮、加农榴弹炮和迫击炮，有些国家还包括火箭炮。反坦克火炮包括反坦克炮和无坐力炮。按弹道特性分为加农炮、榴弹炮和迫击炮。而按炮膛构造分为线膛和滑膛炮。近年来，高新科学技术在兵器领域的应用，引起火炮技术的重大变革。液体发射药火炮、机器人火炮、电磁炮、电热炮、激光炮等新概念、新理论火炮的出现，将揭开火炮发展世上的新篇章。

加农炮

加农炮的倍径在 30 以上，它的炮弹初速高、弹道平直，而且射程远，是属于直射式的火炮。它可分为高射炮，高射炮在战争中可有效地防御敌方飞机的袭击，但是它目前已被更高性能的防空弹和高速机炮所取代；还有战防炮和战车炮。这两种炮可以有效地攻击敌方的装甲车辆，但旧有的牵引式或自走式的战防炮已被战防飞弹所代替，而战车炮现在还被广泛地配备在战车或装甲侦察车上。再有就是野战加农炮，它被用于野外战争中的射击环节，因为它占有射程

◐ 加农炮是一种身管较长、弹道平直低伸的野战炮。

    WM-80式273毫米火箭炮是在83式273毫米火箭炮基础上发展的远程火箭炮系统。火箭运载车采用TA-550越野卡车底盘。最大射速8发/5秒，配用弹种为杀伤爆破火箭弹和撒布火箭弹。战车全重34000千克，最快行驶速度70千米/小时，最大行程400千米。

⬆ 榴弹炮是一种适合于打击隐蔽目标和地面目标的野战炮。

远的优势。

榴弹炮

    榴弹炮的前身是臼炮，它是从臼炮直接演变而来。榴弹炮的初始射速很慢，而且弹道弯曲，是属于曲射式的火炮，倍径在20—35毫米之间。由于是弯曲的弹道，使得榴弹炮可以攻击地形和地物后方的目标。它在野战环境下的作战能力要比加农炮好得多，但是它的射程却不如加农炮，而且在发射前需要很详细地计算出环境对作战的影响。榴弹炮可以分为轻型榴弹炮和重型榴弹炮，轻型榴弹炮的口径在70毫米以下，而重型榴弹炮的口径是在70毫米以上的。

◀◀◀ 兵器简史 ▶▶▶

    现代火炮早已不是单纯的机械装置，而是与先进的侦察、指挥、通信、运载手段以及高性能弹药结合在一起的完整的武器系统。因此，不断发展的战略、威力、反应速度和机动能力在内的综合性能，是火炮系统发展的必然趋势。

迫击炮

    迫击炮是从臼炮演化而来，其构造简单、使用方便，弹道是最弯曲的，一般以45°以上高仰角发射，它的倍径在20以下，口径在40—107毫米之间，由炮管、座钣、支架和调整机构等组成，这些零部件可以快速拆卸，以便于携带。迫击炮的射速快、重量轻、弹道高，可以跨越地障轰击目标，适合于山区丛林等地形复杂地区使用，为步兵单位重要的支援火力。

⬆ 加农炮身管长，弹道低伸，适用于对装甲目标、垂直目标和远距离目标射击。

⬆ 榴弹炮身管较短，弹道较弯曲，适于对水平目标射击。主要用于歼灭、压制敌人的有生力量和兵器，破坏敌人的工程设施等，是地面炮兵的主要炮种。

⬆ 迫击炮用座钣承受后坐力，主要进行高射界射击。迫击炮射角大（一般为45°—85°），弹道弯曲，落角大，破片杀伤效果优于其他火炮，主要用于压制遮蔽物后、反斜面目标和水平目标。

> 155毫米口径,最大射程为30千米左右
> 未来火炮在射程、精度等方面都会提高

火炮结构 >>>

无论是怎样一种物体,都有其最原始的构造和日臻发展的结构,火炮也不例外。在最原始的火炮构造上,它可能仅仅就只是一个几个物件便可以解决的构造,随着战争的需要和科学技术的不断发展,由最简单到最复杂再到简单化的设计和构造,这是一个发展趋势。在未来的战争中,必然会出现同类型的火炮,将在战争中发挥着重要的作用。

火炮的基本构造

火炮的构造一般由炮身和炮架两部分组成。炮身包括炮管、炮尾、炮闩和炮口制退器等部分。身管用来赋予弹丸初速及飞行方向、炮闩用来闭锁炮膛、击发炮弹和抽出发射后的药筒,火炮突起状的制退器用来减少射击时炮身后坐的能量。发射时炮闩里的击针撞击炮弹底火,点燃发射药后产生大量燃气,推动弹丸沿炮膛向前高速运动,飞出炮口沿着一定的弹道飞向目标。与此同时,膛内的高温高压气体推动炮身后座。炮架上的反后坐装置这时消耗后坐能量并使炮身复进到原来的位置。

最早的结构

抛石机是最早的"火炮",它是古代一种攻守城池的有力武器,用它可抛掷大石块,砸坏敌方的城墙和兵器。早先的投石机都是木质结构的,实际上是一种依靠物体张力抛射弹丸的大型投射器。典型的靠扭力发射的战斗武器。这样石块越过城墙进入城内,杀伤守城的士兵,具有相当大的威力。在火器出现后,抛石机并没有立即从战争的舞台上消失,人们还利用它"力气"大的特长,用来抛射燃烧弹、毒药弹和爆炸弹。抛石机在当时所起的作用实际上与后来的火炮相近。

铁质的炮身

刷洗炮膛的羊皮炮刷

木质推弹杆头

升降螺丝

⏏ 火炮的结构示意图

调整左右方向的导向杆

兵器解密

第一门线膛炮的炮管刻有线膛,炮弹从尾部装入,采用炮闩将其闭锁于炮膛内,炮弹装填既迅速又简便,这是火炮技术的一大进步。使用与现代火炮外形相似的长圆形炮弹,从而提高了火炮的射速和命中精度,加大了火炮的射程。

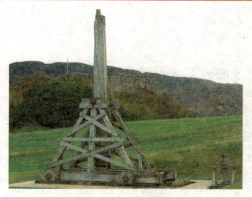

🔘 巨大的配重投石机及弹丸

线膛炮的出现

最初的火炮构造比较简单,弹丸从炮口装入,炮管里光溜溜的没有膛线,即前装滑膛炮。这些火炮的射程近、射击精度差,发射圆形的石制或铁制实心弹。为了增大射程,提高弹丸飞行的稳定性,19世纪初期欧洲一些国家进行了各种线膛炮试验,在炮管内壁刻制凹凸不平的膛线,这些膛线呈螺旋状,弹丸后部有略微突起的弹带。发射时弹带嵌入膛线,弹丸飞行时产生旋转,从而保持良好的稳定性。有的现代火炮仍用滑膛

炮,炮弹上安装了尾翼以实现飞行稳定。

第一门后坐装置火炮

1897年,世界上第一门具有现代后坐装置的火炮的出现,使火炮的基本结构趋于完善。20世纪初期,火炮还广泛采用了瞄准具、测角仪等装置,由此进入了现代火炮的时代。20世纪的两次世界大战使火炮的发展和使用都达到了登峰造极的地步,大大影响了战争的局面。在"一战"的凡尔登战役中,德、法两国在10个月内成功发射了4000万发炮弹,造成了100多万官兵的伤亡。"二战"中,英、苏、美、德四国共制造了近200万门大炮和2800亿发炮弹,整个战争中75%的步兵伤亡都是由大炮造成的。

日趋成熟的火炮技术

到19世界末期,火炮的技术日趋成熟。各国炮兵相继采用了缠丝炮管、筒紧炮管、强度较高的炮管和无烟火药,使火炮的性能进一步提高。这时的火炮多采用引信,增大了弹丸重量,提高了炮弹的杀伤力。

🔺 M110A2采用新型M188-1式发射装药,发射火箭增程弹时最大射程增加到29.1千米。

兵器知识 > 1864 年，世界第一门后装线膛炮出现
线膛炮是滑膛炮的升级

线膛和滑膛 》》》

随着火炮的发明和应用，现在的火炮已经有很多种类了，火炮按照炮膛构造可分为线膛炮和滑膛炮。线膛炮是在炮管内刻有不同数目的膛线，能有效保证弹丸的稳定性，提高射程，现代大多数炮都是线膛炮。而滑膛炮是炮管内没有膛线，一般这种炮的口径都不会很大，但是可以发射炮射式导弹，且造价低。

发展历史

因为在炮管内加铸膛线是较为困难的制造工艺，所以早期研制的枪炮基本都属于滑膛的。在 18 世纪初期，随着制造工艺的进步，线膛炮开始得到了发展，由于在命中率上的大幅度提高，逐渐取代滑膛炮的地位。1918 年，英国研制出了 81 毫米迫击炮，在迫击炮的这一家族中，由于其发射时需要

借自重滑向火炮膛底，触及膛底击针后点燃发射药包炮弹飞离炮口这一特性，因而始终采用滑膛炮管，除此之外的大部分火炮都采用线膛炮管。

省成本的线膛炮

在线膛炮与滑膛炮的比较中，事实上是这样的，为了提高命中率，滑膛炮采用带有尾翼的炮弹是可以达到提高命中率的效果，迫击炮的炮弹就是这样的。但是迫击炮的射击膛压和温度都比较低，其炮弹的尾翼也方便制造。而在需要较高射击膛压和温度的大口径榴弹炮上，就必须采用昂贵的材料来制造炮弹尾翼，这就大大提高了发射成本。因此，在主要用于远程火力压制的各种大口径榴弹炮里面，始终还是采用具有较低发射成本的线膛炮管。

新式滑膛炮的出现

在第二次世界大战后，随着坦克在世界

◐ 线膛炮是在炮管内刻有不同数目的膛线，能有效保证弹丸的稳定性，提高射程，现代大多数炮都是线膛炮。

兵器解密

滑膛炮与线膛炮的主要区别在于膛线,而膛线的主要作用在于付予弹头旋转的能力,使得弹头在出膛之后,由于向心力的作用仍能保持既定的方向,在这个过程中,子弹会产生巨大的威力,这样的设计结构是以提高命中率为前提的。

美国的 M4 中型坦克是"二战"中后期的著名坦克,也是"二战"中生产数量最多的坦克之一,在"二战"后期的坦克战中,M4 坦克发挥了重大的作用。M4 坦克的主要武器是一门 M3 式 75mm 火炮,可以发射穿甲弹、榴弹和烟幕弹。M4 坦克的型号十分繁杂,仅官方公布的 M4 系列改进型车、变型车和实验型车就有 50 多种。主要有 M4、M4A1、M4A2、M4A3、M4A4、M4A6 这 6 种型号的改进型车。图为 M4A3 改进型。

水平稳定性好等特点,可以赋予穿甲炮弹更高的动能,在对抗愈来愈厚的坦克装甲上具有明显超越线膛炮的优势。

军事战争中坦克地位的不断提升,各国都开始大力发展坦克,其中坦克所装载的火炮更是得到全面的发展。考虑到"二战"时大量坦克战的经验,各国在研究设计新式坦克时都认为坦克的主要作战对手依然还是坦克,因此如何想方设法提高本国坦克火炮威力,使其在未来的坦克会战时占有优势成为各国坦克设计师的主要任务。在这一研究课题中,具有更高射击初速的滑膛炮开始进入设计师们的眼界。新式滑膛炮采用了尾翼稳定脱壳穿甲弹,其具有发射初速高,弹道

广泛的应用

坦克滑膛炮的种类也是极其多的,在不断发展中也有很多的改进。现在在世界各国的坦克家族中,西方国家基本上都采用 120 毫米滑膛炮,其中以德国莱茵金属公司 120 毫米 RH 滑膛炮系列最为出众,几乎成为西方第三代主战坦克的通用火炮。而苏联开发的 2A46 系列 125 毫米滑膛坦克炮也天下闻名,这门坦克炮的列装数量超过了 10 万门,在坦克炮的发展史中有着极为重要的地位。

◆兵器简史◆

早在我国春秋时期,就已经开始使用一种抛射武器——礮。在 10 世纪火药用于军事战争后,"礮"便用来抛射火药包、火药弹。在元代,中国已经制造出最古老的火炮——火铳。13 世纪中国的火药和火器西传以后,火炮在欧洲开始发展。14 世纪上半叶,欧洲开始制造出发射石弹的火炮。

2A46 系列 125 毫米滑膛坦克炮

> 中国是最早研制和使用火炮的国家
> 史上最大口径的火炮是利托尔·戈维特迫击炮，又称"小戴维"

火炮的口径 》》》

火炮的历史悠久，目前世界上发现最早的火炮是元大德二年（1298年）的铜火铳，比元至顺三年（1332年）碗口铳早了34年，将世界火炮的发明时间由原先认定的14世纪初期提前到13世纪末。后来随着战争的需要和科学技术的不断发展，火炮有了长足的发展，相应的火炮的口径也就得到了不断的改进，有大、中、小口径等不同类别。

最大口径的火炮

最早的大口径火炮是臼炮。口径大身管短的一种火炮。臼炮是较为古老的曲射火炮，因外形像石臼而得名。中国1377年制造的一种臼炮，口径达210毫米，全长仅为100厘米。15世纪，欧洲出现了一种身管短粗的火炮，炮膛为滑膛，无膛线，采用前装弹，发射一种球形实心石弹。17世纪的臼炮开始发射爆炸弹。线膛炮出现后，臼炮采用线膛身管，改为后膛装填榴弹。第一次世界大战中，德国曾经使用口径为420毫米的臼炮。第二次世界大战时，臼炮已很少使用，此后逐渐被其他较先进的火炮取代。

75毫米野战炮

第一门具有现代反后坐装置的火炮是由的德维尔将军、德波渔上校和里马伊奥上尉3个人组成的法国炮兵研制小组于1897年研制的75毫米野战炮。这门火炮所采用的长后原理本是德国人豪森内研究发明的专利，但德国军队拒绝采用这一专利。法国于1894年从豪森内手里购买该专利，并根据它研制了具有液压气动式助退复进装置的炮架，

◖ 臼炮是一种炮身短（口径与炮管长度之比通常在1：12到1：13以下）、射角大、初速低、高弧线弹道的滑膛火炮。

利托尔·戈维特迫击炮的炮筒重 65304 千克，口径为 914 毫米，炮座重 72560 千克，发射的弹头重约 1700 千克。有一个长 4.8 米、宽 2.7 米、高 3.0 米的底盘，以及高低方向瞄准器构成。这个箱型底盘首先通过斜面从车上卸下安放在事先掘好的土坑内，再进行加固。

兵器解密

↑ 75 毫米野战炮

称之为弹性炮架。炮身安装在弹性炮架上，可大大缓冲发射时的后坐力，使火炮不致移位，使发射速度和精度得到提高，并使火炮的重量得以减轻。

俄罗斯 2C5"风信子"152 毫米自行火炮

该火炮于 20 世纪 70 年代末期装备苏联集团军一级部队，曾在阿富汗战场上使用过。用于压制有生力量和火器，破坏各种工事和装甲目标。2C5 是敞开式半装甲履带自行火炮，采用履带底盘。火炮能昼夜射击，除发射一般的 152 毫米弹药外，还可发射"红土地"制导炮弹。最大射速为 4 发/分，

最大射程为 28400 米（榴弹）、33000 米（火箭增程弹），战车全重为 28.2 吨，最快行驶的速度为 60 千米/小时，最大行程为 500 千米。

现代榴弹炮的口径

西方国家的榴弹炮的口径主要有 105 毫米、155 毫米、203 毫米，俄罗斯和北约国家的榴弹炮口径是 122 毫米、152 毫米、203 毫米。为了便于后勤的补给，应用标准弹药，目前 155 毫米已成为西方国家榴弹炮的标准制式口径，在使用各种新型炮弹的情况下，其威力和射程已不亚于 203 毫米火炮，且重量更轻，机动性能更强。

加农炮的口径

第二次世界大战期间各国曾使用过从 20—210 毫米口径的各种加农炮。越南战争和中东战争中加农炮也曾袭击配置在纵深地域的武器发射阵地、指挥中心等重要目标。近年来，美、英、法等西方国家的大口径加农炮已逐渐被淘汰，改用榴弹炮、火箭炮和战术导弹，不过其他一些国家仍然继续使用着。

↑ 加农炮按口径可分为：小口径加农炮，75 毫米以下；中口径加农炮，76—130 毫米；大口径加农炮，130 毫米以上。

> M110 的火力是西方国家中最强大的
> L118 是射程最远的 105 毫米榴弹炮

火炮机动力 》》》

随着火炮的发展,火炮的利用不仅仅是停留在发明它的一方,而是发展到了作战的双方都在使用。那么,要是敌对双方的火炮武器相当,那就很难分出胜负。所以,要想在战争中取得胜利就要不断地提高火炮的威力和加快新型火炮的研制,因而在火炮的机动性能上战胜另一方,这样取得战争胜利的把握性就能大一些。

"超级巨炮"

"大多拉"的炮弹也是大得惊人,其中榴弹丸重 4.81 吨,另一种用于破坏混凝土掩蔽部的弹丸则重达 7.1 吨,内装 200 千克炸药。据说它的威力足以击穿 3000 米以外厚度为 850 毫米的混凝土墙。不过,由于个头太大,"大多拉"的运输、操作、保障都极为不便,这极大地影响了它的实战能力。仅运输而言,需要首先把各部件卸下来分别装车,运炮车的高度与两层楼的楼房相当。整座大炮及所需的弹药需动用 60 节车皮。而且,由于炮身宽,标准宽度的铁路无法运输,需要专门铺设特制的轨道。到达发射阵地后,还需借助巨大的吊车将各部件安装在炮架上。仅安装好这门炮,就需要大约 1500 人整整忙活 3 个星期。

战场上的主力

榴弹炮的初速比较小,但它的射角比较大,最大可达 75°左右。弹丸飞到目标区的落角也比较大,有较好的爆破和杀伤效果。它在射击的时候可以使用 7~10 个不同的炮弹,可以得到不同的初速和灵活多变的弹道,用于攻击暴

◖ 作为战场上一种重要的火力支援武器,榴弹炮一般靠牵引或自行在战场上执行机动命令。

"帕拉丁"的重大改进是利用了信息化的技术。它采用了先进的火力支援指挥与控制系统。炮上计算机系统可接收并处理外部大量的信息，计算出精确的射击参数，并自动选择击毁目标的弹种、用弹量以及引信组合等，火炮上的实时弹丸跟踪系统可根据实时误差数据修正弹道。

露或隐蔽的有生力量和技术装备，破坏各种工程设施、桥梁、交通枢纽等。它还可以发射火箭增程弹、反装甲子母弹、核弹、化雪弹等多种弹药，完成各种不同的战术任务。一些轻型榴弹炮具有很大的机动性，可以用吉普车牵引或用直升机吊运，尤其适宜空降部队、快速反应部队或维和部队在紧急情况下使用。

打了就跑

M109A"帕拉丁"装备有车载全球定位系统，提高了火炮机动的准确性。它从行军状态到发射完成第一发炮弹用时不超过 1 分钟，然后立即转移到 300 米以外的安全地点继续战斗，因为它通常采取的是"打了就跑"的战术，以防止敌方炮兵火力的打击。而且M109A"帕拉丁"可在没有外部技术协助的情况下独立作战，成员可通过保密语音和数字通讯系统接受任务数据，自动将炮解锁，指向目标并发射，然后移至新位置。所有这一切行动都可以在无外部技术的协助

⬆ 加农炮主要用于射击装甲目标、垂直目标和远距离目标。

下完成。M109A"帕拉丁"可以在进入阵地后 60 秒内发射第一发炮弹。

远射能手

加农炮的身管长度一般达到口径的40—80倍，射角却很小，一般在 40 以下。与其他火炮相比，加农炮具有射程远、弹道低伸、弹丸飞行速度快等优点，它是各种火炮中射程最远的一种。例如美国的 203 毫米口径的榴弹炮，最大射程为 29 千米，而口径有 175 毫米的加农炮，最大射程却达到 32.7 千米，可见它是当之无愧的远程射手。

▶兵器简史◀

"小戴维"的破坏力没有让设计者失望，深深的弹坑有一个单元楼那么大。静态引爆下它对德国碉堡的破坏力被评估出来，可以夷平 100 平方英尺范围内混凝土厚板。与此同时，欧洲的战斗已经白热化，巴顿将军坐着装甲车穿过法国，摧毁了德国防线的最后希望。

⬆ M109A6 帕拉丁自行火炮于夜间射击的情形

> L1681 是最好的 81 毫米迫击炮之一
> M224 没有炮架,是最轻的迫击炮

火炮的威力 >>>

火炮在战中真正被人看重的就是它的威力,它的威力大小直接决定了它在战争中所起到的作用,可想而知,越是威力大的火炮肯定就能在战争中取得优势地位。我们的火炮由一开始简单的投石机到现在电子信息化的发展,都是在不断改进它的系统,使它能够以最大的作用力在战争中夺得胜利。

隆美尔的王牌

1940 年 5 月,隆美尔指挥的第七坦克师从比利时境内向敦刻尔克高速挺进,中途遭遇一支英军的反冲击。面对英军的重型坦克,德军的 37 毫米反坦克炮束手无策。关键时刻,一个高炮连的 88 毫米高炮压低炮口向英军开火,眨眼间击毁英军 9 辆坦克,迫使英军后撤。这一仗给隆美尔留下了深刻的印象,从此,88 毫米高炮成为他一张得心应手的反坦克王牌。

"超级怪兽"

1942 年 4 月,"古斯塔夫"巨炮才找到不至于"大材小用"的场所——当德军进攻苏联的塞瓦斯托波尔市,"古斯塔夫"巨炮发射了 48 发巨型炮弹。其中有一发炮弹穿透 30 米深度的地底,摧毁了苏联军队隐藏在军事基地地下深处的一个军火炸药库。"古斯塔夫"巨炮初战告捷让希特勒喜上眉梢,大炮毫不费力地接着成功摧毁了塞瓦斯托波尔市的薄弱防守力量。1944

88 毫米防空炮

M252 式 81 毫米迫击炮具有射程远、重量轻、射速高、炮弹破片效率高等优点。美国海军陆战队计划将其搭载在轻型装甲运输车上，改进的自行炮，装备陆战队个坦克营（每营配备 8 门），目前有替换美军现役的 M224 式迫击炮的趋势。

兵器解密

年，它又在波兰华沙发射了另外 30 枚炮弹，之后它再也没有被使用过。由于它实在太笨重了，运送起来相当麻烦，况且很容易成为敌人空军轰炸的目标，这个"超级怪兽"最后并没有让濒临灭亡的纳粹德国起死回生，相反自己却在一场战斗中成为了美军的战利品，美军士兵随后就将这枚"超级大炮"敲成了废铁。

威慑敌胆

1941 年 8 月，喀秋莎火箭炮在斯摩棱斯克的奥尔沙地区首次实战应用。火箭炮齐射时像火山喷发时的炙热岩浆，铺天盖地般倾泻在敌人的目标上，声似雷鸣虎啸，若排山倒海之势。不仅消灭了敌人大量的有生力量和军事装备，而且给敌人精神上以巨大的震撼。以致敌军士兵后来一听到这种炮声就心惊胆战，赶紧设法寻找安全的地方躲起来，并称这种火炮为"鬼炮"。

战斗英雄

马岛海战中，英军利用大量轻便的 L118 火炮对阿根廷阵地发起了猛烈袭击，炮火持

续时间长达 12 小时，共发射了 1 万多发炮弹，摧毁了许多坚固的防御阵地。遭到严重打击的阿根廷军队进行了十分顽强的抵抗，最后因伤亡惨重又得不到支援，被迫投降。1991 年海湾战争和 2003 年伊拉克战争中 L118 牵引式榴弹炮依然伴随着英军参加了战斗。

反恐利器

在地势复杂的阿富汗战场，除了巡航导弹、精确制导导弹等为人所熟悉外，美军还用了鲜为人知的第十山地师和八十二空降师实施战术火力支援的有效武器——M252 式 81 毫米迫击炮。在攻打塔利班和"基地"组织据点的地面战中，美军官兵经常用这种威力强大的火器实施先期火力打击，有效地摧毁了恐怖分子的工事和设施。

◀◀◀ 兵器简史

在"二战"中，迫击炮是最受苏联军队宠爱的武器，这是因为它们最容易得到装备，而且操作简便，廉价。士兵只需几分钟就能学会使用它，也几乎不需要维护。在任何情况下都能立即装备好，随即投入战斗，向敌人发射炮弹。

↑ M252 式 81 毫米迫击炮

> 炮兵设有领导指挥机关，部队、院校等各国的炮兵，装备系列不尽相同

炮 兵 》》》

在战场上打仗就要有士兵，士兵又被分为不同的兵种。有步兵、坦克兵、炮兵、工程兵、通信兵、导弹兵、陆军防空兵、陆军航空兵等，其中炮兵又称地面炮兵、野战炮兵，是以火炮、火箭炮、反坦克导弹和战役战术导弹为基本装备，执行地面火力突击任务的一个兵种，是陆军的重要组成部分和主要火力突击力量，炮兵在历史上有"战争之神"的称号。

我国炮兵的发展

在我国，早在春秋时期就有操纵重型抛石机的士卒；宋朝，军队将抛射石弹和用火药制造火球、铁火炮等的人称为炮手；元朝，军队中出现炮手军、炮手万户府；1409年初，明朝建立的"神机营"是世界上最早的火器部队。明成祖远征漠北之战，神机营配合步兵、骑兵作战，发挥过重要作用，已成为军队的一个兵种。清朝，八旗兵、绿营兵、湘军、淮军都编有炮兵。清末，新军每镇编有1个炮标，每标辖3个营，每营辖3个队，每队编火炮6门。1911年辛亥革命后，南京临时政府军队的步兵师编有炮兵团，20世纪30年代中期，国民党军队编有炮兵旅。

西方国家炮兵的诞生

14世纪时，欧洲一些国家开始制造和使用火炮，雇用炮匠进行操作，用于攻守城堡；15世纪，炮兵不仅用于攻守城堡，而且还用于野战，从而出现野战炮兵；16世纪，欧洲一些国家的炮兵已经成为一个兵种；17世纪，法国建立炮兵团；瑞典也建有炮兵团，出现了团队炮兵；18世纪，欧洲炮兵区分为野战炮兵、攻城炮兵、要塞炮兵、海岸炮兵和骑兵炮兵。18世纪末至19世纪初，法国军队在欧洲战场上集中使用炮兵，把它当作杀伤敌人的主要兵种之一。第一次世界

◖ 南北战争时谢尔曼将军的炮兵

兵器解密

部队通常按师(旅)、团、营、连的序列编制,主要装备压制火炮、反坦克火炮、反坦克导弹和地地战役战术导弹等。准备的这些火炮必然需要一些可以熟练操作的人员,这样对操作人员的要求就很高,他们要在熟练掌握技术的基础上,才能更好地在战争中发挥最大的作用。

↑ 第二次世界大战中的迫击炮兵

大战中,出现高射炮兵、迫击炮兵,一些国家炮兵数量达到陆军总编成的 30%。战后还出现了反坦克炮兵。

"二战"以后的炮兵

第二次世界大战中,反坦克炮兵和高射炮兵得到迅速发展,同时出现自行炮兵和火箭炮兵。苏联在卫国战争期间还建有炮兵旅、炮兵师、炮兵军,战争后期预备炮兵的比例大为增加,约为陆军炮兵的一半。20世纪 50 年代以后,许多国家改进炮兵组织体制,研制新式炮兵武器,以火箭、导弹和

其它新型火炮陆续装备炮兵,使用射击指挥自动化系统,运用新的技术侦察手段,研制包括核炮弹、中子弹、末端制导炮弹、子母弹、火箭增程弹、弹底喷气弹、化学炮弹、电视侦察弹在内的许多新弹种,从而出现了反应更快、射程更远、精度更高、威力更大、自动化程度更高的新型的炮兵部队。

炮兵的特点

炮兵具有强大的火力,能集中、突然、连续地对地面和水面目标实施火力突击。主要用于支援、掩护步兵和装甲兵的战斗行动,并与其他兵种、军种协同作战,也可独立进行火力战斗。其基本任务是:摧毁敌方炮兵和指挥机构;击毁敌坦克、舰艇和其它装甲目标;歼灭敌方有生力量;封锁敌方交通枢纽;破坏敌方工程设施等。虽然现代作战对火力要求不断提高,对炮兵的武器技术的掌握能力也在不断的提高,所以炮兵在陆军中的比例日渐增大,技术性能也在不断提高,可以想象,在未来的战争中他们仍将起重要的作用。

兵器简史

在明朝时期,沿海受到倭寇的侵扰,为了抵制倭寇的进犯,戚继光在蓟镇(今河北迁西县西北)练兵时编有车营和骑营,车营编官兵 3100 名、佛朗机炮 256 门;骑营编官兵约 2700 名、虎蹲炮 60 门。

↑ 正在检阅的炮兵。

> 破甲弹利用空心装药技术实现破甲
> 碎甲弹的弹头罩由较软的金属构成

形形色色的炮弹 >>>

火炮要显示它的威力和战争的破坏性时,其中一个东西必不可少,如果没有这个东西,那么火炮也只能成为一件摆设,没有它的价值可言,这个东西就是我们平时所知道的——炮弹。炮弹是火炮重要的一部分,通常是由弹丸、引信、发射药、底火等组成。炮弹有许多种类,有破甲弹、碎甲弹、火箭弹、达姆弹等等。

破甲弹

破甲弹是利用"聚能效应",又称门罗效应或空心效应原理制成的弹药,主要配用于坦克炮、反坦克炮、无坐力炮等。用于毁伤坦克等装甲目标和混凝土工事。射流穿透装甲后,以剩余射流、装甲破片和爆轰产物毁伤人员和设备。它有优点也有缺点,它的优点:一是其破甲威力与弹丸的速度及飞行的距离是没有关系的;二是在遇到具有很大倾斜角的装甲时也能有效地破甲。但是避免不了的就是它还有缺点:一是穿透装甲

的孔径较小,对坦克的毁伤不如穿甲弹厉害;二是对复合装甲、反作用装甲、屏蔽装甲等特殊装甲,其威力将会受到较大影响。因此,在现代坦克炮的弹药中,破甲弹的配备率已经下降,如T-72坦克弹药基数为39发,但只配备5发破甲弹。

碎甲弹

碎甲弹是在20世纪60年代初期由英国研制成功的一种反坦克弹种。它的优点:一是构造简单,造价低廉,但是爆炸的威力还是很大的,一般可对1.3—1.5倍口径的均质装甲起到良好的破碎作用;二是碎甲效能与弹速及弹着角关系不大,甚至当装甲倾角较大时,更有利于塑性炸药的堆积;三是碎甲弹装药量较多,爆破威力较大,可以替代榴弹以对付各

◀ 碎甲弹是第二次世界大战时的反工事弹药,用来破坏坚固的钢筋混凝土工事。由于它具有一定的反装甲作用,又可以有效地杀伤人员,后来被作为一种多用途弹装备坦克。

兵器解密

随着坦克装甲的发展,破甲弹出现了许多新的结构。例如,为了克服破甲弹轰击复合装甲和反作用装甲时爆炸快的缺点,出现了串联聚能装药破甲弹。为了提高破甲弹的后效作用,还出现了炸弹装药中加杀伤元素或燃烧元素等随进物的破甲弹,以增加杀伤、燃烧作用。

这些碎片在坦克里四处飞溅,将乘员杀伤设备击坏,外形完好的"乌龟壳"再也无法动弹了。

种工事和集群人员,因此配备碎甲弹的坦克一般不用再配备榴弹。同时碎甲弹也有它的缺点:一是对付屏蔽装甲、复合装甲的能力有限;二是碎甲弹的直射距离较其它弹种近,通常为800米左右。所以在使用这类型的弹药时要尽量克服它的缺点,使它的优势发挥到最大。

火箭弹

火箭弹是靠火箭发动机推进的非制导弹药,主要用于杀伤、压制敌方有生力量,破坏工事及武器装备等。火箭弹大的种类有很多,其中按照对目标的毁伤作用可以分为杀伤、爆破、破甲、碎甲、燃烧等火箭弹;其次按照飞行稳定方式可以分为尾翼式火箭弹和涡轮式火箭弹。火箭弹通常由战斗部、火箭发动机和稳定装置三部分组成。战

斗部包括引信、火箭弹壳体、炸药或其他装填物。火箭发动机包括点火系统、推进剂、燃烧室、喷管等。尾翼式火箭弹靠尾翼保持飞行稳定;涡轮式火箭弹靠从倾斜喷管喷出的燃气,使火箭弹绕弹轴高速旋转,产生陀螺效应,保持飞行稳定。火箭弹的威力是非常强大的,在战争中所起的作用也是不可低估的。

GMLRS 火箭弹

兵器简史

19世纪发现了带有凹窝炸药柱的聚能效应。在第二次世界大战前期,发现在炸药装药凹窝上衬以薄金属罩时,装药产生的破甲威力大大增强,致使聚能效应得到广泛应用。1936年—1939年年西班牙内战期间,德国干涉军首先使用了破甲弹。

兵器知识

> 礼花弹爆炸后会有各种花型图案
炮兵，素有"战争之神"的美誉

炮弹结构 >>>

炮弹在战场上的作用我们是可以看到的，有的威力很大，有的威力却很小，可是为什么普普通通的火药经过不同的设计和装置后就可以变成不同威力的炮弹？判断它们的威力大小，这就要看我们常常使用的炮弹是怎么样的结构装置，不同的结构装置就会产生不同的作用，所以炮弹的研究最终还是要看它们的结构设置。

破甲弹

破甲弹主要是由弹体、空心装药、金属药罩和起爆装置组成，大多采用电发引信。其破甲过程为：当弹药击中目标诱发装药爆炸时，炸药所产生的高能量集中在金属药罩上，并在瞬间将其融化成为一股细长（直径3—5毫米，长达数十厘米）、高速度（高达8—10千米／秒）、高压力（100—200万个大气压）、高温度（1000℃以上）的金属射流，这种具有强大能量金属射流在顷刻间穿透装甲后，继续高速前进，加上它所产生的喷溅作用，就会破坏坦克内的设备，杀伤乘员，并极易引燃油料及诱爆弹药，产生"二次杀伤效应"。它的杀伤力是很大的。

碎甲弹

碎甲弹是由较薄的弹体内包裹着较多的塑性炸药，短延期引信位于弹体的尾部，只能用线膛炮发射。碎甲弹的威力是不可小看的，当碎甲弹命中目标时，受撞击力的作用，弹壳破碎后就会像膏药一样紧贴在装甲表面上，当引信引爆炸药后，所产生的冲击波以每

⬆ 碎甲弹

平方厘米数十吨的应力作用于装甲上，从而会在装甲的内壁崩落一块数千克的破片和数十片小破片，

⤵ 由碎甲弹造成的散列伤害示例

礼花弹划归为第四等级，一级焰火燃放时，要求 8 号以上礼花弹不应超过礼花弹总数的 15%，12 号礼花弹不应超过 2%，10 号礼花弹不应超过 3%，二级焰火燃放时，8 号礼花弹不应超过 5%。三级焰火燃放时，6 号礼花弹不应超过 20%。

兵器解密

反战车高爆弹翻译成破甲榴弹，有的军方文件内称为战防弹，反战车高爆弹使用锥形装药技术达到破坏装甲的目的。

这些高速崩落的破片可杀伤车内乘员，损坏车内设备，从而达到使目标失去战斗能力，这就是碎甲弹的杀伤原理。凭借这一杀伤过程，碎甲弹的作用就不能让我们小看了。

榴　弹

榴弹是利用弹丸爆炸后产生的碎片和冲击波来进行毁伤目标的弹种。坦克上通常装备的是杀伤爆破榴弹，它既有爆破作用又有杀伤作用，用来摧毁野战阵地工事、杀伤敌方兵员和对付薄装甲目标。由于坦克滑膛炮不能发射靠旋转稳定的榴弹，所以配用长体式尾翼稳定破甲、杀伤两用弹。

火箭弹

火箭弹是由火箭的发明而来的，火箭的起飞速度和火箭本身就有的能量，使得火箭弹的产生成为了一种必然。火箭弹的发射装置有火箭筒、火箭炮、火箭发射架和火箭发射车等，这是火箭弹发射不可缺的。由于火箭弹带有自推动力装置，它的发射装置受力就小，所以火箭弹是可以多管（轨）联装发射的，单兵使用的火箭弹轻便、灵活，所以它就成为了有效的近程反坦克武器。

枪　弹

枪弹是枪械在战斗中用来攻击或防御，致使目标直接遭受损害的弹药，也是各类武器中应用最广、消耗最多的一种弹药。现代军用枪弹主要用来杀伤有生目标，也可用来摧毁轻型装甲车辆、低空飞机、军事设施等目标。为了使部队所装备的各种枪械能对不同的目标进行射击，就需要大量各种不同用途的枪弹，所以枪弹的生产和补给在战争中是很重要的。科学技术的发展促进了枪弹的进步。由于在现代战争中各种枪械仍然是其他武器难以替代的装备之一，枪弹的作用也就不容忽视。

兵器简史

制导炮弹的产生带来了炮兵的一场革命，它使以往只能进行面射的榴弹炮、加农炮、火箭炮、迫击炮等，有了对点目标实施远距离精确打击的可能。目前，制导炮弹以法国和瑞典正在联合研制的 155 毫米"博尼斯"为典型代表。今后，随着信息制导技术的进步，将会使制导炮弹具有同时攻击多个目标的能力。

兵器
知识

> 干扰弹是用来干扰敌方通信联络的
制导炮弹,是炮弹与导弹的"混血儿"

炮弹的发展 >>>

世界在发展,而相应的战争环境也在不断地改变,尤其是舰艇、飞机、坦克等硬性武器装备的发展,相应的对制服这些新型武器的"武器"就有了更加严格的要求。随着现代社会的发展,电子信息化时代的到来,武器也就沿着电子信息化的道路发展,不断产生信息化的新型武器。

长"眼睛"的炮弹

炮射导弹是在弹头装有末端制导系统,用普通火炮发射后,能自动捕获目标并准确命中目标的一种炮弹。它常被人们称为长"眼睛"的炮弹。坦克上配备炮射导弹的思路主要是想在现有坦克火炮的基础上增加坦克火力的射程,但目前缺乏实战中使用的实例。美国曾在20世纪70年代装备过配用"橡树棍"反坦克导弹的M60A2主战坦克和 M551 轻型坦克。法国也曾研制过炮射导弹,但是后来都放弃了这一做法。苏联于20世纪60年代开始研制炮射导弹,迄今有AT-8、AT-10和AT-11 三种坦克炮射导弹装备部队,是唯一大量使用炮射导弹的国家。另外,以色列在"梅卡瓦4型"坦克上也配备了LAHAT激光制导炮射导弹,用于打击3000米外的装甲目标。

"战场神眼"

侦察炮弹是一种通过摄像机、传感器等电子设备,对目标进行侦察、探测的信息化炮弹。就目前研制情况来看,主要包括:第一是电视侦察炮弹,利用它进行侦察具有安全、可靠、图像清晰等特点,尤其适于在空中侦察条件受限时使用。如美国正在研制的XM185式电视侦察炮弹,可用155毫米榴弹炮发射。视频成像侦察炮弹,由美国于1989年发明和

ᑕ 炮射导弹

遥感炮弹又叫自寻子母弹，是一种远距离反坦克新弹种。它既不同于一般火炮所使用的子母弹，也不同于末端制导炮弹，而是兼有两种炮弹的特点。当遥感炮弹由大口径火炮发射至目标上空时，降落伞张开，弹内信息传感器开始工作，它如同一部小雷达来搜索目标。

研制，它利用弹丸向前飞行和旋转使弹载传感器的视场作动态变化，对飞越的地形进行扫描，可实施对空中和地面的侦察并发现目标。其引信内还装有 GPS 接收机，可接收3个或更多GPS卫星信号，以实现对目标的精确跟踪。最厉害的还属窃听侦察炮弹，它主要利用震动声响传感器窃听战场目标信息。它不仅可以探测人员的运动和数量情况，还可通过人员的说话声判断其国籍，如目标是车辆，则可判断车辆的种类。

"骗你没商量"的炮弹

    诱饵炮弹是一种通过辐射强大的红外线能量，从而制造出一个与所保护目标相同的红外辐射源，进而引诱红外导弹上当受骗的新型炮弹。诱饵炮弹中有烟火型诱饵弹，它是以燃烧的烟火剂来辐射红外线能量；有复合型诱饵弹，它既能辐射红外线能量进行红外线欺骗干扰，又能通过抛撒金属箔条实施无源性雷达电子干扰，是一种专门对付红外与雷达复合制导导弹的干扰武器；还有燃料型诱饵弹，它是一种向威胁区喷洒诱饵燃料，引诱红外制导导弹发生误差的一种干扰弹药。如德国生产的76毫米"热狗"红外诱饵弹，发射后两秒钟即可形成红外诱饵。

令人"真假难辨"的炮弹

    干扰炮弹是一种用来干扰敌方通信联络和信息传递的弹种。目前，世界上已经研制成功的干扰炮弹主要有通信干扰弹，这是一种通过释放电磁信号，破坏或切断敌方无线电通信联络，使其通信网络产生混乱的信息化炮弹，在不良气候和昏暗条件下特别适用。海湾战争中，美军曾用155毫米通信干扰弹干扰伊拉克的无线电通信网，效果不错。声音干扰弹，它是专门用以干扰敌方指挥信息接收的弹种，且能接收到敌方人员发出的各种指挥口令。

🔊 干扰炮弹在高空爆炸碎片散开时形成虚假的区域干扰敌军

> 特种合金穿甲弹其实就是贫铀穿甲弹
> 次口径超速脱壳穿甲弹有旋转稳定式

兵器知识

穿甲弹 》》》

穿甲弹是一种典型的动能弹,主要依靠弹丸的动能穿透装甲摧毁目标的炮弹。其特点为初速高、直射距离大、射击精度高,是坦克炮和反坦克炮的主要弹种。也配用于舰炮、海岸炮、高射炮和航空机关炮。用于毁伤坦克、自行火炮、装甲车辆、舰艇、飞机等装甲目标,也可用于破坏坚固的防御工事。

发展简史

穿甲弹是在与装甲目标的斗争中发展的。穿甲弹出现于19世纪60年代,最初主要用来对付覆有装甲的工事和舰艇。普通穿甲弹采用高强度合金钢做弹体,头部采用不同的结构形状和不同的硬度分布,对轻型装甲的毁伤有较好的效果。在第二次世界大战中出现了重型坦克,相应地研制出碳化钨弹芯的次口径超速穿甲弹和用于锥膛炮发射的可变形穿甲弹,由于减轻弹重,提高初速,增加了着靶比动能,提高了穿甲威力。

翼稳定的超速脱壳穿甲弹脱壳的瞬间

硬碰硬的炮弹

穿甲弹素以强拱硬钻而著称,也就是我们经常说的硬碰硬,它主要靠弹丸命中目标时的大动能和本身的高强度击穿钢甲。因此,穿甲弹的弹丸都是用比坦克装甲硬得多的高密度合金钢、碳化钨等材料制成的。穿甲弹个个都长着非常坚硬的脑袋壳,即弹头,是坦克、装甲车辆的死对头。当然,对付混凝土工事,它也照样当仁不让。

强大的杀伤力

在穿甲弹发射时,穿甲弹丸在膛内高温

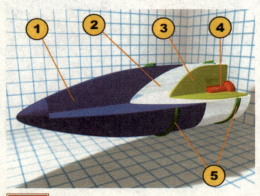

穿甲弹示意图。1.风帽;2.弹芯(钨、不锈钢、贫化铀);3.炸药;4.雷管;5.弹带。

威猛战神

　　火炮家族的成员非常多，而不同的成员也有着自己的小团体，它们或是驰骋于陆地之上，或是出现在茫茫大海之中，要么就是翱翔于天际之间。而这些群体之中又有这么一群没人敢惹的"威猛战神"：它们有的拥有雷鸣般的射击声音；有的拥有强大威力，能够轻易摧毁敌人的防御工事；它们或是需要牵引的"威猛先生"，或是自行发动的"震耳雷神"……

> 加农炮常用于前敌部队的攻坚战中
> 加农炮没有任何近距离攻击或防御力

加农炮 》》》

火药发明之后,加农炮也随之来到了这个世界上。加农炮名称是由拉丁文"Canna"的音译而来的,那是"管子"的意思,而它的英文叫作"Cannon(也是音译)",也是"空心圆筒"的意思。加农炮是由一位德国僧侣在公元 14 世纪发明的,早期的加农炮是利用火药来发射石块或铁球的。你可千万别小看它,它的发展引起了攻城战的重大变革。

加农炮的出现

在炮的制造上,除了海军重炮外,青铜炮和黄铜炮始终以优势压倒了铸铁炮。但是,青铜炮的炮管比较软,在多次发射圆形炮弹时,炮弹以不正圆的方式穿过炮管,容易使它变形,因此青铜不适宜制造重型炮。公元 1450 年左右,欧洲的铁弹开始取代了石弹,炮弹的威力因此有了一定程度的提高。到了 15 世纪,欧洲出现了 3 种火炮即长炮、加农炮(现代榴弹炮的原型)和迫击炮。其中的加农炮是指发射仰角较小、弹道低平、可直瞄射击、炮弹膛口速度高的火炮。因此,很快就在战场上扮演重要的角色。拿破仑时代,法国士兵对加农炮的保养最好,因此常常能在战斗中占得先机。

加农炮的特点

加农炮是弹道低伸的火炮,属于地面炮兵的主要炮种之一。它主要用于射击装甲目标、垂直目标和远距离目标。对于装甲目标和垂直目标,多采用直接瞄准射击;而对于远距离目标,则采用间接瞄准射击。加农炮主要由炮身、炮架和瞄准装置等部件组成。它的主要特点是身管长(一般为口径的 40—80 倍)、初速大(通常每秒达到了 700 米以上)、射程远。如果按照它们的口径来分类,可分为小口径加农炮(75 毫米以内)、中口径加农炮(76—130 毫米)和大口径加农炮(130 毫米以上)。

↩ 这个早期的加农炮看起来不像是用来打仗的,倒像是一件艺术品。

16世纪前期，意大利人塔尔塔利亚发现炮弹在真空中以45°射角发射时射程最远的规律，为炮兵学的理论研究奠定了基础；随后，欧洲就出现了口径较小的青铜和熟铁长管炮，代替了以前的白炮。还采用了前车，便于快速行动和通过起伏地带。

⬆ 畜力牵引式加农炮

⬆ 自行式加农炮

加农炮的发展

起初的加农炮身管长为16—22倍口径。18世纪时，它们身管的长度又变成了22—26倍口径。第二次世界大战前后，那些口径在105—108毫米之间的加农炮得以迅速发展，其炮身长一般为30—52倍口径，初速达到了每秒880米。20世纪60年代，炮身长达到了40—70倍口径，初速达到了每秒950米。但自此以后，加农炮基本没有研制出新的型号，其性能仍保持在20世纪60年代的水平。由于加农炮的炮管比较长，所以其射程比其他类型的火炮都远。因此，加农炮特别适合于远距离攻击敌纵深目标，也可作岸炮对海上目标轰击。

加农炮的命运

从严格意义上说，反坦克炮、坦克炮、高射炮、航空炮、舰炮和海岸炮也属加农炮的类型。它们使用的弹种有杀伤榴弹、爆破榴弹、杀伤爆破榴弹、穿甲弹、脱壳超速穿甲弹、碎甲弹和燃烧弹等。这是进行地面火力突击的主要火炮。而海岸炮、坦克炮、反坦克炮和航空机关炮也都具有加农炮弹道低伸的特性。20世纪70年代，有些国家新研制的榴弹炮也具有弹道低伸的特性；有些国家没有再研制新型加农炮；有的还用新研制的榴弹炮更换已装备的加农炮。

▶兵器简史◀

世界上最先出现的是青铜铸炮，据记载，15世纪中叶之前法国的第戎就炼出了铸铁块。到了英国都铎王朝的初期，这种铸铁新技术传到了英国，从而为苏塞克斯的炼铁业奠定了基础。在此之前，苏塞克斯的炼铁业一直在欧洲的枪炮制造业中占据着统治地位。

⬆ M2式加农炮

牵引榴弹炮 >>>

火炮在它诞生之初就以威力大、射程远而成为战场的强大杀伤性武器。不过，它同样也有着自身的缺点，那就是比较重，因此设计师不得不给它装上了轮子，这样它才能快速地移动。早期的那些火炮是用战马拉着行进的，所以叫做"牵引式"火炮。即使在今天，牵引式火炮还有着自身的优点，比如路况不好时也可以行进。

榴弹炮

榴弹炮是指那些身管相对比较短、弹道比较弯曲的火炮。它们的初速较小，射角比较大，弹丸的落角也大，杀伤和爆破效果好，采用多级变装药，能获得不同的初速，便于在较大纵深内实施火力机动。它适于对水平目标射击，主要用于歼灭、压制暴露的和隐蔽的(遮蔽物后面的)有生力量和技术兵器，可以破坏工程设施、桥梁、交通枢纽等，是地面炮兵的主要炮种之一。20世纪60年代以来，榴弹炮已经发展到炮身长为口径的30—44倍，初速达827米/秒，最大射角达75°；发射制式榴弹，最大射程达24500米，发射火箭增

🔺 美国155毫米M198式牵引榴弹炮操作复杂，一个常规炮班的人员达到了10人；但火炮牵引车都安装有全球定位/导航系统，使火炮机动的准确性大为提高。

程弹最大射程达3万米。由于榴弹炮的性能有了显著提高，因而有些国家已经用榴弹炮代替了加农炮。

牵引炮

世界上第一种炮的类型就是牵引炮，这种火炮的组装往往比较简单，可以在使用中出现较少的失误。这些优点使得牵引炮拥有更多的灵活性，因此赢得了世界各国军方的广泛青睐。和自行式火炮相比，牵引式火炮不用担心动力系统出现问题而影响部队

炮口
炮身
炮架
炮尾

◖ 榴弹炮示意图

兵器解密

瑞典的博福斯式 FH-77 型榴弹炮不但拥有牵引式类型，同时也拥有自行式类型。它的射程可以达到 40 千米以上。同一系列的 FH-70 型榴弹炮目前正在英国和日本服役，它发射常规炮弹时的射程达到了 24 千米，如果加载火箭辅助推进器射程能达到 30 千米。

◀◀◀ 兵器简史 ▶▶▶

> 2A61 式 152 毫米榴弹炮是由俄罗斯彼得洛夫设计局研制出的轻型牵引式火炮，主要用于摧毁防御工事、杀伤有生力量和毁伤装甲目标等。由于它的重量轻，因此可以牵引行军，也可以进行空中运输和实施空投，战略机动性较好。此外，它也能实施高射击和环形射击。

行军。但它只适合在比较好的道路上牵引，一旦战场上的路况比较差时，就必须由士兵来推。而该火炮的远距离运输也可以用舰船、火车、飞机运载，也可以用吉普车牵引或用直升机吊运。其中直升机吊运尤其适宜于空降部队、快速反应部队或维和部队在紧急情况下使用。

俄国的牵引炮

牵引榴弹炮，顾名思义就是自己走不了需要有牵引才能动的榴弹炮。如果你看过战争题材的电影，那些挂在卡车或者吉普车后面的那个炮就是牵引榴弹炮了。事实上，如果按照榴弹炮的机动方式来分类的话，可以分为牵引榴弹炮和自行榴弹炮两种。俄罗斯拥有各种类型的牵引榴弹炮，其中最为普遍的就是 D-30 榴弹炮，该炮的口径为 122 毫米，射程达到了 21.9 千米，能适用各种弹药，包括化学弹、燃烧弹和高爆弹等。另外一种由俄罗斯制造并在世界上广泛使用的是 D-20 牵引炮，并且俄罗斯在该炮的基础上还研制出了 2S3 榴弹炮。

G5 牵引炮

最好的牵引炮就是来自于南非丹尼尔军械公司的 G5 牵引炮。它最初是由天才火炮设计师加拿大人吉拉德·布尔设计制造的，可以发射常规炮弹。而最新型号 G5-52 的射程更是可以达到 55 千米。就像俄罗斯的设计风格一样，该炮也有自行炮类型-G6。但是由于 G5 和 G6 榴弹炮过分依赖于远程目标定位系统和安全指挥控制系统，因此它的远程能力受到了很大的限制。比如在美国"沙漠风暴"的军事行动中，当伊拉克的目标定位系统和指挥控制设备被美国空军摧毁之后，威力巨大的 G5 牵引式榴弹炮变成了一堆废铁，根本无法击中敌方目标。

➲ G5 式 155 毫米口径牵引榴弹炮

XM777 牵引榴弹炮 »»

在 "建立轻便、灵活、反应迅速的新型地面部队,以便更快更好地应付全球突发事件"的建军新思维下,在不牺牲火力和突击力的前提下,以轻型化为特征的快速部署性和高效性已经成为了美军地面部队在武器装备设计上优先考虑的因素。应对这一新的设计理念,XM777 轻型牵引式榴弹炮诞生了。

XM777 的诞生

20 世纪 80 年代初,英国 BAE 宇航系统公司应美国陆军的要求研制出了超轻型的野战榴弹炮,它的全重仅为 3745 千克,跟 M198 榴弹炮相比大约减少了 45% 的重量,还不到"十字军"自行榴弹炮的 1/10。此外,XM777 牵引榴弹炮不仅可以用大型运输机空运,也可方便地用轻型运输机、直升机以及轻旋翼飞机吊运;如果需要地面机动时,只需要一辆 2.5 万千克的卡车就可以拖动了。尽管重量大大减轻,但是 XM777 牵引榴弹炮的威力却依然不减,射击初速为每秒 827 米,它的发射也不需要助力。其普通炮弹的最大射程可达 24.7 千米,使用火箭助推炮弹的最大射程甚至超过了 30 千米。

XM777 的特点

XM777 牵引榴弹炮的身管长度为 39 倍口径,与 M198 榴弹炮相同,其弹道特性也与 M198 相近,除了能发射所有现在使用的 155 毫米的炮弹外,还可以发射将来更加先进的 155 毫米弹药,如新式的激光制导弹药、"萨达姆"反装甲子母弹以及 XM982 增程弹等,能够满足未来美军地面战场所有的火力要求。XM777 牵引火炮通常由 8 名士兵操作,但也可以减为 5 人。其行军战斗转换时间为

◯ M777 牵引榴弹炮曾被称为超轻型火炮,主要是因为炮上广泛采用了轻金属材料制作的部件。

美国陆军对"牵引火炮数字化"设备的研制居世界领先位置。该设备包括炮长显示器、炮手和辅助炮手显示器、牵引式武器惯性导航系统、炮口测速装置、采用激光测距仪的数字式直接瞄准镜及有自带电源的配电装置等。该研制已应用于XM777牵引榴弹炮。

美国 M777 牵引榴弹炮

2—3分钟，而战斗行军转换时间为1—2分钟，最大射速为每分钟5发，持续射速为每分钟2发，战斗行动时的操作性也比M198榴弹炮更灵便，大大降低了炮手操作的强度，因而战略部署性和战术机动性更强，行动更加灵活。由于重量减轻的原因，XM777牵引榴弹炮的问世实现了牵引火炮史上一次大的突破，标志着可快速进行战场空运的轻型火炮家族又增加了新的成员，从某种意义上甚至可以说是一场火炮制造和运用上的革命。

XM777 的结构

XM777牵引榴弹炮广泛采用了挤压成型的铝和钛合金材料，比如炮架、摇架、后驻锄等部件都是用钛合金制造的，其他的除了个别零部件外，则是由铝合金制造的。由于钛合金的价格比较昂贵，BAE公司在研制过程中尽量合理高效地利用钛，使一些部件具有多种功能。该公司还设计了非常规的反后坐系统，采用液压气动式长后坐的新型反后坐装置和低耳轴结构，从而使火炮重心下降，后坐力向下转移，直接传向地面；此外，XM777牵引榴弹炮在结构上的另外一个独特之处在于炮架的设计上，抛开了一般牵引式火炮"两只脚"（一个开脚式大架）的模式，而采用了"四只脚"（前后各两个）的设计。由于该炮的耳轴高度较低，起落部分又离其较远，所以两个前置的大架就起到支撑和稳定的作用，用以抵消火炮射击时产生的倾覆力矩。2005年，M777牵引榴弹炮正式进入了美国海军陆战队服役（率先装备于第十一炮兵旅第三营，并达成初始作战能力），但这一阶段的它们仅配备有传统的光学瞄准装置。

美国 M777 牵引榴弹炮

兵器简史

事实上，美国陆军开始对XM777牵引榴弹炮并不是很满意，因为要是给它们加装上数字化系统后，单个XM777牵引榴弹炮的重量就接近4090千克，这个重量对于陆军改编后的轻型师来说还是不能接受的。

M198 牵引榴弹炮 »»

第二次世界大战结束后,美国陆军又新研制出了一种 M198 式牵引榴弹炮。M198 式牵引榴弹炮的射程为 3 万米,这样的射程意味着它们足够可以同华约国部队的第二梯队作战。因此,M198 式牵引榴弹炮取代了美国陆军当时已经沿用了 20 多年的 M114A1 式 155 毫米榴弹炮,成为了冷战期间新的宠儿。

研制历程

冷战期间,美国和苏联之间在经济、政治、军事、外交、文化和意识形态等方面都处于对抗的状态。1968 年 9 月,美国着手计划进行新型武器的开发,很快就在 1969 年制造出了一门发展型的样炮,称为 XM198 式牵引榴弹炮。1970 年 4 月,美国在进行了样炮的系统鉴定之后,于同年的 10 月完成了该项设计工作。样炮交付后,美国对此进行了可靠性试验。试验期间,针对炮尾发生的炸裂问题,设计者改进了发射装药结构,并将原来的楔式炮闩改为螺式炮闩。1975 年 2 月—1976 年 10 月,美国又制造出了改进型的样炮,进行了第二阶段的研制与使用试验。终于,1976 年 12 月,美国正式定型了 M198 式 155 毫米牵引榴弹炮。又在 1979 年 2 月,对 19 门定型样炮进行了部队使用试验。整个研制周期历时 11 年,进行着各种环境试验、强度试验、重要部件考核改进试验以及部队使用和鉴定试验等,累计发射了 13 万发炮弹。

↩ M198 式牵引榴弹炮采用传统结构,由 M199 式炮身、M45 式反后坐装置、瞄准装置和 M39 式炮架四大部分组成。由于大量采用轻金属,上架、大架和座盘都用铝合金制造,使全炮重量减轻。

M198 牵引榴弹炮可以发射的炮弹主要有 M107 式榴弹、M795 式新式榴弹、M549A1 式火箭增程弹、M449 式杀伤子母弹、M483A1 式反装甲杀伤子母弹、M864 式底部排气子母弹、M454 式核炮弹、M825 式黄磷发烟弹、M110 系列黄磷发烟弹、M116 系列发烟弹等等。

兵器解密

⬆ M198 榴弹炮在伊拉克战场开火时的一瞬间

炮身及反后坐装置

M198 牵引榴弹炮采用的是 M199 式炮身，其中螺式炮闩装有 M53 式击发机构和制式紧塞垫及紧塞环。而炮尾则装有一个用 3 种颜色表示炮管受热情况的警报器，炮手可根据颜色情况调节发射速度，避免身管过热。当身管温度超过 350℃时就会发出警报，这时就需要立即停止射击。而 M45 式反后坐装置则是由 2 个制退机和 1 个复进机组成的，是液体气压式的，能把后坐变

长。它的复进筒固定在后炮箍上，位于身管上方，由浮动活塞、节制杆和调节器组成。两个制退筒也固定在后炮箍上，它们分别位于身管的两侧。

瞄准装置和炮架

为了便于夜间作战使用，M198 牵引榴弹炮的瞄准装置中的数字刻度均采用了氚光源照明。间接瞄准射击时，炮手在左边，用 M137 式周视瞄准镜装定方位角。副炮手在右边，用 M18 象限仪确定射角。直接瞄准射击时，则使用安装在副炮手位置上的 M138 式肘形瞄准镜。而 M39 式炮架则是采用铝合金和 A710 的高强度钢制成。铝合金焊接上架，用螺栓固定在下架上部的环形轴承上。大架则是采用铝合金焊接的箱形结构。牵引环装在左大架上，行军状态时负荷为 226.8 千克。两个驻锄可以拆卸，平时分别安装在两个大架侧面。下架下方有圆形铝合金座盘，射击时用球形座连接在下架下面，行军时也可以卸下，固定在大架上。下架前方装有手动液压泵，射击时通过液压泵抬起炮车，使炮车轮离地 180 毫米。

◀ 兵器简史 ▶

使用 M198 牵引榴弹炮时，由于炮手的工作区域内的超压噪声比较大，所以他们需要戴上 DH-178 式的头盔。而当使用 8 号装药时，炮手则需要用一根 7.5 米长的拉火绳进行远距离拉发，以避免受到冲击波的严重影响；而行军时，他们需要将该炮的炮身向后回转 180°，以缩短行军的长度。

⬆ 演习期间的 M198 式牵引榴弹炮

> 自行榴弹炮的战斗全重约为20吨
> 自行榴弹炮进出阵地的速度比较快

自行榴弹炮 >>>

自行榴弹炮最初出现于第一次世界大战期间,在第二次世界大战时得到了迅速发展,成为现代炮兵发展的一大方向。自行榴弹炮作为攻击武器,其火力范围仅限于车辆正前方的有限范围。该火炮拥有装甲,并且必须伴随步兵或者装甲部队行动,它们的主要任务就是利用其野外行驶能力以及火炮的快速射击等优点支持步兵进行攻击。

结构简介

自行榴弹炮是指同车辆底盘构成一体、靠自身动力运行的榴弹炮。战场作战力强的自行榴弹炮方便于和装甲兵、摩托化步兵协同作战,主要用来压制和歼灭敌方的有生力量和火力,并破坏敌方野战的防御工事(土木掩体和铁丝网等)。而一些新型的自行榴弹炮,比如122毫米自行榴弹炮除了具备一般自行榴弹炮的特点外,还具备与敌方炮兵、坦克和其他装甲车辆作战的能力。其最大行程为500千米,最大速度为60千米/小时。

它主要由战斗部分(火炮与炮塔)和履带式底盘两部分组成,采用发动机前置式,发动机室在炮车的右前方,而驾驶室在左前方,炮车的中、后部则是战斗室。

最早的自行榴弹炮

美国军方很早就有建立自行炮兵的想法,而且有过将75毫米榴弹炮安装到轻型坦克上的尝试。在此基础上,1941年6月,美国开始将105毫米野战榴弹炮安装到M3中型坦克上,希望制成一种自行火炮。他们将开始制成的2辆样车称为T32式105毫米榴弹炮运载车。而在阿伯丁试验场的试验表明,这种自行火炮的性能很好,主要缺点就是缺乏高射武器。于是,设计者在车顶部的右上角安装了一个环形枪架,用以安装12.7毫米高射机枪。由于这个机枪架的形状很

↻ "野蜂"自行榴弹炮是德军在"二战"中研制出的第一种自行火炮,在战场上广泛使用。

M7自行榴弹炮是盟军中的第一种重要的自行火炮，它首先被提供给了英军。在著名的阿拉曼战役中，英军就是用它来对付德军掩体中的88毫米火炮，深得英军士兵的喜爱。其后，M7自行榴弹炮还参加了意大利战役和诺曼底登陆战役。

兵器解密

像教坛，很快它就有了"牧师"的别名。1942年4月，T32正式定名为M7自行榴弹炮，也称为M7"牧师"自行榴弹炮。

履带式底盘

起初的自行榴弹炮的底盘是轻型的履带式自行火炮通用底盘，由车体、发动机、传动部分和行走部分组成。两条履带每条由106块履带板组成，履带板的着地面粘有耐磨橡胶块，用于保护行驶路面。而悬挂装置则采用油气悬挂和扭杆悬挂相结合的复合式结构，不仅可以提高炮车行驶时的平稳

☛ M7"牧师"式自行火炮(M7 Priest)为美军在第二次世界大战时研发的一款自行火炮。当它进入英军服务时，英国人就给它起了"牧师"的称号。

性和平均速度，还能提高乘员乘坐时的舒适性。只是，你们知道这些履带式自行榴弹炮的原理是什么吗？为什么要设计成这个样式？答案是肯定的，怎样有利于战争就怎样去设计，使它的作用在战争中发挥到最大。

车载式的诞生

尽管履带式自行榴弹炮有着鲜明的特点和优越性，但其战略机动性较差，对后勤保障要求高，降低了它的使用方便性。在这个大背景下，标新立异、独具特色的轮式自行榴弹炮应运而生，成为火炮发展中一道亮丽的风景线。它是以一种成本较低廉的牵引式榴弹炮与卡车底盘有机结合，通过巧妙地设计而成。车载式自行榴弹炮具有较强的战术机动性，与履带式自行榴弹炮相比还具有列装成本低和操作、维修方便等优点。

> ◀◀◀ 兵器简史 ▶▶▶
>
> 1942年，克虏伯·古森公司设计出了一种非常有趣的自行榴弹炮——"蝗虫"自行榴弹炮，该火炮的炮塔不仅可以非常简单地用车后部安装的吊车卸载下来，而且卸下来的炮塔还能用车上携带的拖车拖在车体后部行军，或是安放在一个准备好的混凝土平台上当装甲碉堡用。

⬆ 以色列 ATMOS－2000

> 1952 年，美国召开了自行火炮会议
> 德国是 M109 式火炮的第 2 个用户

M109 自行榴弹炮 >>>

M109 自行榴弹炮是近几十年来美军的主要陆地火力支援武器和北约组织炮兵部队的标准化装备，它不仅是现代机械化炮兵的先驱，也是自第二次世界大战之后生产数量最多、装备数量最多、装备国家最多、服役时间最长的自行榴弹炮。自 M109 自行榴弹炮服役以来，已经参加过越南战争、中东战争、两伊战争和两次海湾战争。

M109 式的问世

1952 年 8 月，美国陆军开始着手研制新型的自行榴弹炮。他们要求新炮采用包括旋转炮塔在内的新颖总体布局，并使用专用的通用底盘以减轻后勤负担。1953 年 4 月，美国陆军坦克及机械化装备司令部授权开始发展 T195 式 110 毫米和 T196 式 156 毫米自行榴弹炮，并很快制造出了木制模型。1956 年，美国陆军决定将 T195 和 T196 采用同样的炮塔和底盘，口径也改为标准的 105 毫米和 155 毫米。随后，美国陆军决定将新研制的 T195E1 和 T196E1 火炮正式定型为 M108 式 105 毫米自行榴弹炮和 M109 式 155 毫米自行榴弹炮。M108 是一个短命的产品，截止 1963 年生产线关闭时仅生产了 355 辆，而美国陆军真正大量装备并出口的正是 M109 式 155 毫米自行榴弹炮。

诞生地

1963 年 6 月，M109 自行榴弹炮加入美国陆军服役，定型后便展开了大规模的生产。到了 1969 年，通用汽车公司为美军生产了 2111 辆 M109 自行榴弹炮。这些 M109 自行榴弹炮和所有的 M108 自行榴弹炮都是在美国的克利夫兰坦克厂生产的。事实上，刚开始的两年，它们是由通用汽车公司麾下的

◐ M109 155 毫米自行火炮

M52 式 105 毫米自行榴弹炮和 M44 式 155 毫米自行榴弹炮采用的都是 M41 轻型坦克底盘，而且它们的炮塔虽然高，但战斗室的空间却不大。此外，这两种火炮具有十分明显的缺点：由于体积庞大而无法空运；由于采用顶部敞开式炮塔，因此无三防能力。

兵器解密

⟳ M109 A6 自行火炮

或二线主战坦克底盘改造而成的传统，而是采用通用汽车公司阿里逊分部研制的动力前置、炮塔战斗室靠后的专用底盘。

卡迪拉克机动车辆分部制造的，第 3 年则由通用汽车公司旗下的克莱斯勒公司生产，随后交由通用汽车公司阿里逊分部生产直至生产计划结束。

M109 特点

M109 自行榴弹炮是第一种采用铝合金车体和旋转炮塔的自行榴弹炮。由于这种新布局对自行榴弹炮来说十分合理，因而 M109 自行榴弹炮成为此后出现的众多现代自行火炮的设计典范。此外，M109 自行榴弹炮也摒弃了过去美军自行火炮多以现役

大炮塔

M109 自行榴弹炮拥有 1 个由 5083 铝合金装甲焊接而成的、内径 2.51 米、宽 3.15 米的大炮塔，炮塔最高处离地 3.048 米，内有 5 名乘员（车长、炮长、3 名装填手）。炮塔两侧各有 1 扇供乘员出入和补充弹药的向后打开的长方形舱门，而后部则设有专用于补充弹药的向两侧开启的双扇大舱门。M109 自行榴弹炮一改以往自行火炮采用固定式炮塔的做法，炮塔可做 360°旋转，但在射击时只允许以车身中线做左右各 30°的旋转，而且射击前必须先锁定悬挂系统并放下驻锄。

◀ 兵器简史 ▶

1958 年 9 月，美国陆军造出了 T195 式火炮的样车，到了 1959 年 3 月，他们又造出了 T196 式火炮的样车。因此，便将这些汽油发动机改为柴油发动机后的样车改称为 T195E1 和 T196E1。1961 年，美国陆军又分别生产了两辆 T195E1 和 T196E1 的新样车。

> 最早的M110的战斗全重为26534千克
> 第一批M1101963年装备美军自行榴弹

M110 自行榴弹炮 》》》

M110系列榴弹炮是美国于20世纪50年代研制、60年代定型并装备部队的一种履带式203毫米自行榴弹炮，也是美军目前口径最大的榴弹炮。目前有M110、M110A1和M110A2这3种改型，并出口到了韩国、日本和很多北约国家，使用非常广泛，M110自行榴弹炮的火力算是西方国家火炮中最强大的。

M110 的前身

M110型203毫米自行榴弹炮可以从口径203毫米的火炮说起。第一次世界大战及战后期间，英国军队装备了维克斯公司研制的203毫米榴弹炮，型号是Model 1917、Model 1918和M1920E。到了第二次世界大战期间，又将它们正式命名为M1榴弹炮。当时，英国共生产了1006门M1榴弹炮和252.1万发203毫米的炮弹，在战争中发挥了重要的作用。M1榴弹炮以威力大，打得准而著称。英军还曾夸下海口说它"可以命中汽油桶大小的目标，可以一个窗户接一个窗户地射进去"，真是太神了。这种说法尽管有夸张的成分，但看一看M1的命中精度就会觉得它的确非同寻常，经过综合比较发现，1发203毫米炮弹几乎顶得上2发155毫米炮弹。1945年后，英军对M1型203毫米榴弹炮的炮闩等进行改进，称为M2型，先后将它们用到了M43、M55自行榴弹炮和M115牵引式火炮上。

M110 的诞生

不过，M43和M55型203毫米自行榴弹炮的威力虽然强大，但却不能空运。美国军方根据第二次世界大战以及朝鲜战争的经验，认为即使是重型的自行火炮也要能空运才行。为此，美军对研制新型的重型自行榴弹炮提出了新的要求：火炮要能空运，占领和撤出阵地要快，部件通用化

○ M110自行火炮是美国生产的履带式自行火炮系列之一，也是美国制造的自行火炮中装载火炮口径最大的一款。

M1 榴弹炮的射击公算误差为：4 千米误差 8 米；11 千米误差 15 米；16.6 千米误差 17 米。而 155 毫米榴弹炮则为：4 千米误差 13 米；11 千米误差 38 米。而火炮威力方面，155 毫米榴弹炮炮弹的杀伤半径为 350—360 米，而 203 毫米榴弹炮炮弹的杀伤半径则为 470—480 米。

程度要高。根据这些要求，美国太平洋汽车与铸造公司于 1956 年 1 月提交了一份新型重型自行榴弹炮的设计方案，并承接了设计、试制和生产任务。随后，该公司开始了样车的底盘试验，又决定将动力装置由汽油机改为柴油机。到了 1961 年 3 月，美国军方正式将它定型为 M110 型 203 毫米自行榴弹炮。第二年，第一批 M110 自行榴弹炮出厂了。

M110 的特点

这批 M110 自行榴弹炮采用了专门设计的底盘。车长 10.8 米，车宽 3.15 米，车高

兵器简史

M110 型自行榴弹炮的生产厂家曾经几度发生过变化。它们的最初生产者是美国太平洋汽车和铸造公司，后来又变为 FMC 公司和 BMY 公司。这两家公司对 M110 型自行榴弹炮的生产一直持续到了 20 世纪 80 年代末。随后，美国等一些国家开始将 M110 自行榴弹炮转让给其他国家的军队。

M110A1 和 M110A2 是原型的改进型，其加长了身管，安装了炮口制退器。图为美国军队在临时区域运输 M110A2 榴弹炮。

3.1 米。由于它没有炮塔，整车仅由火炮和底盘两大部分组成，所以也有人称它为"M110 型 203 毫米自行炮架"。这种火炮的优点是结构简单，因此大大减轻了全车的重量。但是，它也有一个很大的缺点，就是战斗部分没有装甲防护。M110 自行榴弹炮的整个炮班是由 13 名乘员组成的，其中 5 名乘员(炮长、驾驶员和 3 名炮手)在 M110 车上，其余人员乘坐在 M548 履带式弹药运输车上。该车的车体为铝合金装甲全焊接结构。驾驶室位于车体的左前部，驾驶员有 3 具潜望镜。而变速箱位于车体前部右侧，其后是发动机。车体后部则为炮架和火炮。车体的最后左侧装有装填机，车体后部的下方装有大型驻锄，射击时需要放下，以吸收射击时的后坐能量。

随着西方国家逐渐把 155 毫米作为制式口径，155 毫米的新炮弹威力也与老式的 203 毫米火炮炮弹威力差不多。所以 M110 在 21 世纪初开始逐步被淘汰，其地位由新型火箭炮和 155 毫米自行榴弹炮取代。

> "十字军战士"12分钟可以装60发炮弹
> 首辆"十字军战士"样车诞生于1999年

"十字军战士"自行榴弹炮 》》》

"**十**字军战士"自行榴弹炮系统是美国原来打算替代现役的"帕拉丁"火炮的新的武器系统。按照设计,"十字军战士"自行榴弹炮应该算是世界上性能最好的火炮了,它具有24小时全地形、全天候的作战能力;而且从射程、精度、弹药补给、机动性、信息化和自动化等方面来看,它也比现装备的"帕拉丁"自行榴弹炮显得优越多了。

应运而生

一个新武器的诞生往往是缘于本身存在的武器已经不能满足部队的需要了,"十字军战士"自行榴弹炮的诞生原因也不例外。事实上,美国陆军装备的M109系列155毫米自行榴弹炮系统,包括最新的M109A6式"帕拉丁"在内,存在不少弱点:不能以与陆军装甲部队中其他装甲车辆相同的速度前进;有可能受到位于其本身射程之外的更现代化火炮的打击;以较高速度行进时,会使乘员感到很不舒适,大大消耗了乘员的体力;易受到敌军还击火力的毁伤等。

为了改变这种状况,美国陆军于1994年成立了一个研究小组,研究如何以最小的风险、费用和重复性设计,由当时在研的先进野战火炮系统发展一种新型炮兵武器系统,并将其命名为"十字军战士"。

先进技术

从1987到1998年,设计者开始对"十字军战士"进行了部件研制和样车试制,到了2000年1月,他们研制出第一部样车。"十字军战士"自行火炮系统应用了许多先进技术:该系统由XM2001式155毫米自行榴弹炮和XM2002供弹车组成,采用了56倍口径身管的155毫米火炮,最大的射速达到了每分钟12发,而其发射榴弹时的射程为40千米,发射增程弹时的最大射程则为50千米。"十字军战士"的战斗全重为55吨,最

◀ "十字军战士"自行榴弹炮

"十字军战士"自行榴弹炮的模块装药系统包括2种模块:1个或2个XM231式装药模块用于最近的2个射程区域;3个或6个XM232式装药模块用于最大的4个射程区域。对于最小射程来说,1个XM231模式的装药模块就足够了。

兵器解密

🔊 "十字军战士"XM2001自行榴弹炮火力威猛,是名副其实的"战神"。

大公路行驶速度为每小时67千米。

乘员减少

"十字军战士"火炮的每门榴弹炮和每辆供弹车各有3名乘员,这同"帕拉丁"自行榴弹炮及其供弹车相比明显节省了人力。而且在"十字军战士"自行榴弹炮的车体内,装甲式座舱远离了榴弹炮和弹药装填系统,其乘员的座位安置在一起,面向前方。乘员的四周布满了通信设备、辅助决策系统和导

◀兵器简史▶

"十字军战士"自行榴弹炮在接到命令之后的15秒后就会开始射击,60秒内能发射出10发炮弹,90秒之后会转移到750米以外新的阵地,再过30秒又会开始新的射击。仅3辆"十字军战士"自行榴弹炮就可以在20分钟内实施180发炮弹的攻击,这相当于18辆M109A2火炮或者9辆M109A6"游侠"的威力。

航装置(甚至还有嵌入的训练设备)。他们将作为一个小组投入战斗,将注意力放在系统本身上,而不是放在火炮瞄准、弹药装卸与装填等常规射击程序上,这也是"十字军战士"自行榴弹炮系统的主要特征之一。它将乘员从武器服务小组转变成了完全的战斗小组,能够将精力放在利用所提供的战斗信息来操纵系统上面。

模块装药技术

"十字军战士"自行榴弹炮采用了155毫米模块装药系统,它借助固体发射药技术,能够保证射手利用两种型号的模块装药进行他们所熟悉的各种射程的射击:其最近射程区域为3.4—7.9千米,最远射程区域则为19—40千米。在每个区域内,射手还可以选用各种不同的身管高低角来达到所需要的射程。此外,用模块装药取代当前的药包装药,还可以降低成本,消除由药包装药所产生的浪费现象(即不得不扔掉一些对特定射击任务来说多余的装药)。

🔊 XM2002供弹车

> AS90可以换装更大功率的发动机
> AS90可使用北约155毫米通用炮弹

兵器知识

AS90 自行榴弹炮 >>>

曾经有一部很出名的电影叫做《勇敢的心》，它讲述了英国古代苏格兰人和英格兰人的战争故事，其中的"勇敢的心"所指的就是一名苏格兰勇士；而今天的英国又出现了一个"勇敢的心"，不过这次讲的不是古装的骑士，而是现代化的重炮——AS90自行榴弹炮。该火炮可是目前英国陆军服役的唯一的自行榴弹炮。

赢得订单

20世纪80年代，国际上涌起了规模空前的研究新型自行火炮的热潮，这使得美国自行火炮主宰西方军火市场的状况受到强力冲击。而英国研制的AS90式自行榴弹炮不经意间成为了冲击美国自行火炮主宰市场的先锋。AS90自行榴弹炮是由英国维克斯防务系统公司研制的一种155毫米自行榴弹炮，有关该炮的起源可以上溯到20世纪70年代末。当时的英国陆军强烈要求装备一种性能先进的自行火炮，陆军的呼声让英国军火大鳄维克斯防务系统公司喜出望外，这家创立于1828年的老牌公司在第二次世界大战之后几乎垄断了英国的坦克生产，这次自行火炮的生意他们同样是志在必得。1981年，维克斯公司的样车果然在竞标中力压群雄，被正式定名为AS90自行榴弹炮。自1992年开始，英国陆军便买入了179辆AS90自行榴弹炮，装备了6个装甲炮兵团。

巧破尴尬

尽管AS90自行榴弹炮赢得了订单，但它刚刚一出世就遇到了身管口径过时的尴尬。身管口径是指榴弹炮的身管长度是火炮口径的多少倍，倍数越大，火炮的身管就越长，火炮的射程因此也就越大。AS90自行榴弹炮研制时是按照39倍口径设计的，但它问世时主要的自行榴弹炮

◖ AS90是英国维克斯造船与工程公司研制的155毫米自行榴弹炮，也是英国陆军最新型自行榴弹炮。该炮在1981年中标，1992年开始装备部队。

在 2003 年 3 月 30 日的英国军队围攻伊拉克南部城市巴士拉的军事行动中，300 名伊拉克士兵被俘，在这次战争中大显身手的正是英国陆军的 AS90 自行榴弹。它摧毁了 21 辆伊军坦克和装甲车，而且这是在没有空军的掩护下直接进行的近距离打击。

兵器解密

⬆ AS90 安装了一门 39 倍径的火炮，射程并不是很远，但该炮可靠性非常好，在长时间射击时，火炮不会过热和烧蚀。

的身管口径已经发展到了 45 倍和 52 倍。还好，高瞻远瞩的设计师在设计 AS90 自行榴弹炮的时候采取了模块化的设计原理，为炮塔处留下了较大的空间，从而使 AS90 自行榴弹炮可以在不做任何车体变更的情况下换装为 52 倍的火炮，这就让 AS90 自行榴弹炮的射程从 19 千米增加到了 32 千米。这个设计大大长了维克斯公司的面子。

创造奇迹

1997 年，经过改进的 AS90 自行榴弹炮

◀◀◀◀ 兵器简史 ▶▶▶▶

AS90 自行榴弹炮属于灵活性很强的自行榴弹炮，试验中，它能平稳地驶过起伏地形、越过 3 米宽的壕沟、涉过 1.5 米的深水域。该炮既可以使用 39 倍口径炮，也可以使用 52 倍口径炮。如果是前者，其最大的射程可以达到 30 千米；倘若是后者，则它的最大射程可以达到 40 千米。

开始交付给英国陆军后，维克斯公司继续对该火炮进行改进。新改进型的 AS90 自行榴弹炮也被另起名为"勇敢的心"。该炮的炮塔上部涂有专门的隔热层，这是一种能够反射太阳光的金属漆，可以防止金属发烫。因此，AS90"勇敢的心"自行榴弹炮也能在沙漠这类极其恶劣的环境下作战。此外，AS90"勇敢的心"榴弹炮得到了南非和瑞士等国的技术支持火炮的身管经过这些技术地精心打造，创造了 AS90 自行榴弹炮寿命的奇迹。按照北约"联合弹道谅解备忘录"的要求，火炮的寿命一般是 2000 发全装药射击，最多达到 2500 发。而 AS90"勇敢的心"自行榴弹炮的寿命却超过了 5000 发甚至更多，这不能不说是一个奇迹。因此，一些国际火炮专家担心装备部队的"勇敢的心"自行榴弹炮的身管质量难以达到试验所用的身管的水平。

◀ 伊拉克战争期间，AS90"勇敢的心"自行榴弹炮在巴士拉附近整装待命。

兵器知识

> L118 的座盘是用铝合金制成的
> L118 的最大射速为每分钟 8 发

L118 牵引式榴弹炮 >>>

L118 牵引式榴弹炮是由英国皇家军械公司于20世纪60年代中期研制定型的105毫米轻型牵引火炮,它在1974年被装备于英国陆军部队,用以取代意大利 M56 式山地榴弹炮。1982 年,英国和阿根廷两个国家为了争夺马岛的主权,爆发了一场激战。在这场战争中,L118 牵引式榴弹炮凭借自身的良好效能,深受英国士兵喜爱。

战场英姿

马岛战争中,来自英国的军队利用大量轻便的 L118 牵引式榴弹炮,对阿根廷的军队阵地发起了一系列猛烈的袭击,其炮火持续时间长达 12 小时,共发射了 1 万多发炮弹,摧毁了阿根廷许多坚固的防御阵地。遭到严重打击的阿根廷军队尽管对此进行了十分顽强的抵抗,但还是因为伤亡惨重又得不到支援,被迫投降。英军之所以能赢得这场战争,不能不归功于自身装备的 L118 牵引式榴弹炮。这次战争的胜利让英军充分看到了 L118 牵引式榴弹炮的威力,他们也将该装备当成了主要的现代军备之一。因此,在 1991 年的海湾战争和 2003 年的伊拉克战争中,L118 牵引式榴弹炮依然伴随着英军参加了战斗。

L118 结构

L118 牵引式榴弹炮在战场上的威力让很多人都不得不把目光投在了它身上。事实上,L118 式 105 毫米牵引式榴弹炮的主要特点就是广泛地采用了现代的新技术、新工艺和新材料。该榴弹炮的炮管采用了高强度的耐腐蚀钢,从而提高了炮管的耐磨损能力,明显地延长了它的使用寿命。此外,L118 牵引式榴弹炮的炮管前端的炮口制退器还可以方便地卸下来擦拭,其后端的炮闩也可

⊂ L118 式 105 毫米榴弹炮为轻型榴弹炮,自 1974 年装备英军。

改进激光惯性火炮定位系统之后，就可以提高火炮原有系统对地形和符号信息的更新速度，拥有显示移动地图、安装 USB 接口、增加下载弹药量和维护保养情况等信息功能，还能通过无线通信系统获得路线信息的更新，从而提高交战过程中的火炮管理。

L118 牵引式榴弹炮

在任意射角下轻便地开启。而该榴弹炮的炮架则采用了闭架式的马蹄形结构，不仅重量轻而且强度也很高，还可以方便地进行360°转动。

灵活性

L118 牵引式榴弹炮不仅拥有方便旋转的炮架，还能向出现在任何方向的目标快速地瞄准射击。该炮射程远、机动性能好，即使部队处于行军状态，该火炮的炮身仍然可以回旋180°，运行起来非常方便，而且行军

兵器简史

作为轻型火炮增强计划的一部分，英国决定改进安装在 105 毫米 L118 牵引式榴弹炮上的激光惯性火炮定位系统。他们计划将 L118 牵引式榴弹炮的炮口测速雷达和激光惯性火炮定位系统整合起来，就可以提供实时炮口速度测量以及炮口速度预算，从而缩小火炮射击的误差。

战斗状态转换也比较快，还可以用直升机进行空运。

尽管已经有了这么多优点，但 L118 牵引式榴弹炮的价格却比较低廉，通常用订购1 门 155 毫米的火炮的费用就可以买到 4 门L118 式 105 毫米牵引式榴弹炮。因此，L118式牵引式榴弹炮备受一些发展中国家的青睐，曾先后出口到肯尼亚、摩洛哥、澳大利亚等十多个国家。不少发达国家也纷纷订购这种火炮，为本国装备快速反应部队。

先进系统

英国皇家炮兵现役的 L118 式 105 毫米轻型火炮已经安装了激光惯性火炮定位系统。该系统也在其他牵引火炮系统上通过了测试，包括 FH-70 式 155 毫米榴弹炮、LG1式 105 毫米榴弹炮、D-30 式 122 毫米火炮和 M777 式 155 毫米榴弹炮。激光惯性火炮定位系统主要是负责火炮的定位和瞄准，它包括惯性导航装置、瞄准手显示与控制装置、数据传输装置、电源管理系统以及导航显示装置。

经过改进的 L118 牵引式榴弹炮

> 自行式火炮可分为轮式和履带式两种
> PZH2000 的最高时速为 60 千米

PZH2000 自行榴弹炮 》》》

第二次世界大战中,德国是自行火炮型号最多的国家,其众多的型号都表现出众,比如以"黑豹"坦克底盘研制出的"猎豹"坦克歼击车是当时德军最好的自行火炮,而以"虎王"重型坦克底盘研制的"猎虎"坦克歼击车则是德军威力最大的坦克歼击车,它所发射的穿甲弹可以击毁当时所有重型坦克的主装甲。

诞生的背景

20 世纪 80 年代初,德国同英国、意大利计划合作研制 SP-70 新型自行榴弹炮,用于取代各国使用的美制 M-109 自行履带榴弹炮。但由于他们在发展上存在分歧,该计划于 1986 年年底取消了,相关国家决定自行发展。随后英国发展出了 AS-90 型履带自行榴弹炮;意大利选用了本国制造的"帕尔玛利"履带自行榴弹炮;德国则展开了自己的 PZH2000 155 毫米自行榴弹炮的发展计划。德国陆军对这种新式火炮提出了几项要求:火炮发射增程弹的最大射程为 40 千米;需采用先进的火控系统、导航系统和自动装弹机构;有较高的快速反应能力、独立作战能力和战场机动能力以及能在核生化 (NBC) 环境和其他恶劣条件下有效地使用。

PZH2000 简介

1996 年年初,德国开始正式采用第一批国产的 155 毫米自行火炮。这种自行火炮被称为自行装甲榴弹炮 PZH2000,它的 155 毫米炮弹、自动装填结构和高级射击控制装置代表了火炮界最新的潮流。其车体前方的左部为发动机室,右部为驾驶室,车体后

Panzerhaubitze 2000 的侧影。

PZH2000 自行榴弹炮的近距离自卫武器是一挺 MG-3 式 7.62 毫米的机枪。其车身不仅可以抵御榴弹破片和 14.5 毫米的穿甲弹，还可以加装反应装甲，有效地防御攻顶弹药。此外，该炮共设有 16 具全覆盖烟幕弹发射器，发射的烟幕弹可以遮蔽目光，阻绝激光与红外线等。

兵器解密

⬆ 德国陆军的 PZH2000。德国陆军要求这种新式火炮发射增程弹时的最大有效射程达 40 千米，采用当时先进的火控系统、导航系统和自动装弹机构，有较高的快速反应能力、独立作战能力和战场机动能力，能在核生化(NBC)环境和其它恶劣条件下有效地使用。

部为战斗室，并装有巨型炮塔。这种布局能够获得宽大的空间。乘员包括车长、炮手、2 名弹药手以及驾驶员共 5 人。PZH2000 自行榴弹炮的战斗重量为 55 吨，而其 155 毫米炮弹的重量为 45 千克，初速每次可达 900 米。使用这种炮弹，只需一发命中就可以将 M1A1 坦克摧毁。

三大优点

PZH2000 自行榴弹炮有三大特点：一

是机动性好。一般的自行火炮最大时速为 30—70 千米，最大的行程可以达到 700 千米，具有极好的越野能力，能协同坦克和机械化部队高速机动，可以执行防空、反坦克和远、中、近程对地面目标的攻击等任务；二是火力强大。使用数辆自行火炮就可以迅速地形成防空、反坦克和对地面攻击的合理而有效的火力配备系统，能根据目标的不同，最大程度地发挥综合性火力；三是防护力强。自行火炮吸收了坦克装甲防护好的优点，特别是现代自行火炮大都采用坦克、装甲车、底盘和履带驱动，其车体装甲的厚度达 10—50 毫米，而自身又比坦克轻便灵活，可以安装比同样底盘的坦克更大口径的火炮，因此在战争中会起到牵引式火炮无法起到的作用。

兵器简史

1986 年 10 月，德国正式提出了"2000 年装甲榴弹炮(PZH2000)"的研究计划。第二年，德国国防技术与采购署就和两个竞标合作团队签订了研究试制合同，分别研制火炮原型，展开研究计划的第一阶段开发。1990 年，德国陆军通过评估，选定其中的威格曼公司/Mak 公司组成的团队获胜。

⬆ 荷兰皇家陆军的 PzH2000 在乔拉(Chora)向目标开火，摄于 2007 年 1 月 16 日。

G6 自行榴弹炮 >>>

位于非洲大陆最南端的南非,是一个拥有多个种族和文化,素有"彩虹之国"美称的国家。南非的军事实力是非洲大陆的"老大",该国的主战坦克、装甲车、无人机、导弹、轻武器等都非常有名,而最著名的要数 G6 轮式自行榴弹炮了。这种火炮不但装备了南非陆军,还远销到许多国家,之后随着不断改进和发展,形成了 G6 系列的火炮家族。

G6 的诞生

事实上,直到 20 世纪 60 年代时,南非的陆军还只是装备着一些发达国家在第二次世界大战时期使用的老式榴弹炮。进入 20 世纪 70 年代以后,南非发现这些老式火炮无论是在性能上,还是在射程上都远不能满足其作战的需要,于是决心研制一种新型的火炮。功夫不负有心人,南非终于在 1979 年成功地研制出了 45 倍口径 G5 式 155 毫米牵引榴弹炮,随后又在 G5 的基础上研制出了具有自行能力的 G6 式自行榴弹炮。到了 1988 年,南非决定将研制出的 G6 式自行榴弹炮定型生产,用以装备南非的国防军,因此一炮走红。热情高涨的南非迪奈尔公司决心进军国际 155 毫米榴弹炮市场,与美国和欧洲国家一争高下。

G6 特色

G6 自行榴弹炮是一种独具特色的轮式战车,拥有两个突出的特点:一个是战斗全重较高,另一个则是采用了轮式车辆的底盘。该火炮的战斗全重为 47 吨,净重为 42.5 吨,就凭这一条,G6 自行榴弹炮就够得上是"重量级"的

↻ G6 是世界上唯一的设置射击孔的自行火炮,乘员可以通过炮塔左右各 2 个的射击孔使用车载的 5.56 毫米步枪进行自卫。

炮塔、火炮、弹药是 G6 自行榴弹炮的战斗部分，也是其威力所在。炮塔是火炮的载体，能为火炮提供方向射界。G6 自行榴弹炮的炮塔可以御防 23 毫米的穿甲弹和炮弹破片的攻击。该炮塔的形体比较大，为炮手提供了比较宽敞的战斗空间。

💨 G6 具有较强的防护能力，其车体全部由钢装甲焊接而成，具有防枪弹和炮弹破片的能力。

了。比如美国的 M109 火炮重 25 吨，法国的 GCT 火炮重 42 吨，德国 PZH2000 火炮重 55 吨，英国的 AS-90 火炮重 42 吨，意大利的"帕尔玛瑞"火炮重 46 吨……这样比起来，G6 自行榴弹炮的重量算得上是名列前茅的了。世界上大口径的自行榴弹炮中，绝大多数采用的是履带式车辆底盘，而以轮式车辆做底盘的，就只有 G6 自行榴弹炮和原捷克斯洛伐克的"达纳"152 毫米自行榴弹炮了。不过，"达纳"炮只有 23 吨，采用了 8×8 的底盘，而 47 吨重的 G6 炮却采用了 6×6 的底盘。

底盘型式

南非军方起初在研制 G6 自行榴弹炮

的时候还曾对它的底盘型式问题进行了专门的研究，他们认为，南部非洲地区为高原和沙漠地带，地势平坦，公路网发达，在这样的地形上，轮式车辆的优势就很明显。而且，轮式战车除了便于公路机动外，在可靠性、耐久性和可维修性上也比履带式车辆略胜一筹，此外，轮式车辆也很省油。不过，要在 6×6 的底盘上装上 155 毫米口径的大炮，从设计上说还是相当棘手的。从总体布置上看，G6 自行榴弹炮的最前部是驾驶室，中部是动力室，后部是战斗室。动力装置为风冷柴油机，最大功率为 386 千瓦。变速箱有 6 个前进档和 1 个倒档。发动机的动力经变速箱到传动轴，再传给后面的 4 个驱动轮。在行驶时也可以根据需要挂上"前加力"，使前轮也成为驱动轮。这就是 6×6 的意思。

⬆ G6 是世界上少有的采用轮式底盘的自行榴弹炮之一，这主要是根据南非沙漠平原地形的国土情况和高速长途行军的作战要求而确定的。

兵器知识

> 加榴炮是加农榴弹炮的简称
> PLZ45 155毫米的战斗全重为35吨

加榴炮 >>>

在火炮家族中,有一个"混血儿"加榴炮。它是兼有加农炮和榴弹炮弹道特性的火炮。其特点是:它比加农炮的身管短,射角大;又比榴弹炮的身管长,射程远。当使用大号发射装药和小射角时,其弹道特性接近于加农炮;而当使用小号装药和大射角时,它的弹道特性又接近于榴弹炮。

"独角兽"炮

1756年,俄国人马尔梯诺夫发明了一种身管长度介于榴弹炮和加农炮之间,既可以平射又可以曲射的"独角兽"炮。这种因炮身刻有独角兽而得名的滑膛炮可以看作是最早的加榴炮的雏形,它的身管长度为口径的10倍。到了第一次世界大战,由于构有堑壕体系的筑垒阵地防御战的发展,交战各国都需要增加平射火炮和曲射火炮。为了适应战术上的这种要求,又方便生产,1915年,德国研制出了世界上第一门现代加榴炮。到了第二次世界大战时期,交战各国都已经广泛装备使用了加榴炮,其中的主要代表就是苏联。

苏联加榴炮的发展

1937年,处于战争中的苏联研制出了一种152毫米的加榴炮,自该炮服役后,便开始取代了1910/34式加农炮。新的加榴炮采用了122毫米榴弹炮的炮架,因此重量比较轻,能够发射各种类型的炮弹。它结合了加农炮和榴弹炮的特点,为了使用方便,该炮同样发展了两种型号,可以分别用马匹和机动车辆牵引。很快,这种152毫米的加榴炮就成为了第二次世界大战时期苏联红军的几种外围火炮之一,其生产也贯穿了整个伟大的卫国战争。到了20世纪70年代初,苏联又研制出了一种专门用来压制和歼灭火器及有生

◀ "独角兽"炮

　　20世纪60年代以后的新型榴弹炮大多兼有加农炮性能。加榴炮，是指兼有加农炮和榴弹炮弹道特性的火炮。其特点是：炮管长度/口径比在39到45之间，使用大号发射装药和小射角时，弹道特性接近于加农炮；使用小号装药和大射角时，弹道特性接近于榴弹炮。

兵器解密

◀ M1973式自行加榴炮

仅采用了28倍口径长身管、半自动立楔式炮栓、双室炮口制退器和炮膛抽气装置，还采用了SA-4防空导弹发射车改进型底盘。该火炮的初速可达655米/秒，发射火箭增程弹时最大射程为24千米，其携弹量为46发。

力量，破坏野战和永备工事的新火炮。该炮可以说是152毫米D-20式加榴炮的改进型，不仅采用了28倍口径长身管、半自动立楔式炮栓、双室炮口制退器和炮膛抽气装置，还采用了SA-4防空导弹发射车改进型底盘。

M1973式自行加榴炮

　　152毫米M1973式自行加榴炮是苏联于20世纪70年代初研制出的一款火炮，专门用来压制和歼灭火器及有生力量，破坏野战和永备工事，摧毁坦克和自行火炮。该火炮是152毫米D-20式加榴炮的改进型，不

兵器简史

　　恩格斯在《论线膛炮》一文中，曾经把法国在19世纪中期使用过的既能发射实心弹又能发射爆炸弹的轻型12磅炮，称作加榴炮。20世纪60年代以后，许多国家发展的新型榴弹炮，大多兼有加农炮的性能，但却并没有使用加榴炮这一名称。

GC45式加农榴弹炮

　　20世纪80年代初，加拿大的一家航天公司设计出了一种新颖的GC45式加农榴弹炮。这种炮的炮管加长到了将近7米，是采用特殊方法制造的高强度炮管，可以承受射击时很强的高温高压气体，并能在零下40℃和零上60℃的温度下使用。GC45式加农榴弹炮炮管里的48条膛线都是向右旋转的，但快到炮口的地方却是光滑的，用这种办法可以防止炮口破裂或者炮管变形。不过这样一来又产生了一个新的问题，加长炮管以后，部队行军时就需要用另一辆车来牵引该火炮。

↑ GC45式加农榴弹炮

> "戴维斯炮"是在1914年被发明出来的
> 第三世界国家仍在使用无后坐力炮

无后坐力炮 >>>

无后坐力炮是火炮的一种，其特点是发射时利用后喷物的动能抵消后坐力，从而使炮身不后坐的火炮。由于它具有体积小、重量轻、结构简单和操纵方便的特点，因此只需要一两个人就可以完成操作了。无后坐力炮非常适用于伴随步兵作战，配用空心装药破甲弹，主要用于攻击堡垒、坦克和其他坚固目标，该炮在反坦克战史上立下了汗马功劳。

早期的无后坐力炮

20世纪70年代以来，随着装甲技术的不断发展和反坦克导弹的装备，无后坐力炮的地位已经日渐衰落。看着这位昔日的战场"英雄"，人们不由会想起那个曾经属于它的年代。而它的出现，则是因为一般火炮在发射炮弹的同时会产生巨大的后坐力，使火炮后退很远的距离，这样既会影响到射击的准确性和发射速度，又会给操作带来诸多

不便。于是，早在1879年，法国的德维尔将军等人便发明了火炮的反后坐复进装置，但它并没有消除开炮时的后坐现象，只是使后坐炮身能够自动回复到原来的位置，并且它还会使炮架结构复杂、重量增加、机动性降低。

"戴维斯炮"

事实上，世界上第一门能够消除后坐现象的火炮是由美国海军少校戴维斯研制的。那是在第一次世界大战期间，戴维斯利用了配重物平衡发射的原理发明出了无坐力炮。他的设计思想非常独特，选择把两颗弹尾相对的弹丸放在一根两端开口的炮管内发射。射击时，向前射出的是真弹头，另一颗向后抛的是假弹丸——铅油质的配重体，使其作用力相互抵消，从而使炮射不发生后坐。抛射出的配重体散落在炮尾后不远的

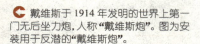
戴维斯于1914年发明的世界上第一门无后坐力炮，人称"戴维斯炮"。图为安装用于反潜的"戴维斯炮"。

　　75 式 105 毫米无后坐力炮的炮身是由线膛身管、锥形扩大药室、炮闩座、击发的机构、接架箍等组成的，其炮闩在闭锁后会构成 4 个带锥角的拉瓦尔喷孔。此外，该火炮还配有由光学瞄准镜、激光测距仪、弹道计算机和电源组成的简易火控系统。

🔺 M18 无后坐力炮是美军在第二次世界大战以及朝鲜战争中使用的肩扛式反坦克武器。M18 属于单人携带的后装式单发武器，既可以用于反坦克也可用于反人员作战。M18 可以使用 4 种炮弹：破甲弹、高爆榴弹、白磷烟雾弹、训练弹。

地方，射手避开了这个危险区就不会受伤害。不过，它的缺点则是发射时后喷火不仅会暴露发射阵地所在位置，还会使其无法在狭小的空间内使用。

正式装备

　　1917 年，针对"戴维斯炮"的这些不完善之处，俄国人梁布欣斯基对它进行了一些相应的改进。他采取的主要做法就是取消了配重体，直接用向后喷出的火药气体来进行平衡。这样，抛射固体配重体的后半截炮管也就没有用了，无后坐力炮的炮管也就缩短了一半。此后，英国的库克和苏联的特罗菲莫夫、别尔卡洛夫、库尔契夫斯基等人对无后坐力炮也作了一些新的发展。他们在炮管的尾部安上喷管，使流过喷管的气体速度增大，从而减少喷出的气体量。1936 年，梁布欣斯基研制出一种 75.2 毫米的无坐力炮，这是世界上正式装备部队的第一种无后坐力炮。而无后坐力炮的第一次实战应用则是在 1939 年—1940 年的苏联和芬兰战争之中。

如虎添翼

　　第二次世界大战期间，瑞士人利用门罗效应发明了空心装药破甲弹，这种炮弹靠高温、高速的射流聚能效应破甲，有较强的破甲能力。德国制造的配备于空降部队的 75 毫米、105 毫米无后坐力炮，曾在北非战场上使用，取得了良好的效果。

◆◆◆ 兵器简史 ◆◆◆

　　日本的 60 式 106 毫米双管自行无后坐力炮是在美国 M40 式 106 毫米无后坐力炮的基础上发展而来的。该炮是由 1956 年开始研制的，到 1960 年开始装备在日本的陆上自卫队。目前，60 式 106 毫米双管自行无后坐力炮仍在日本的陆上自卫队服役，但在机械化步兵师中正逐渐退出现役，由反坦克导弹取代。

🔺 美国 106 毫米无后坐力炮，照片中是以吉普车装载的型式。

> 迫击炮可分为滑膛和线膛迫击炮
> 最大迫击炮在美国马里兰州军械博物馆

迫击炮 》》》

迫击炮自问世以来就一直是支援和伴随步兵作战的一种有效的压制兵器，也是步兵极为重要的常规兵器。它的最大本领就是杀伤近距离或在山丘等障碍物后面的敌人，用来摧毁轻型工事或桥梁等。如今，走过百年的迫击炮更像是一位顽固的"老人"，冷眼看待着各种高新技术兵器争奇斗艳，而自己却仍静悄悄地占据着陆军装备的一席之地。

迫击炮的雏形

纵观迫击炮的发展历史，最早可以追溯到公元1342年。那一年，西班牙军队围攻了阿拉伯人所盘踞的阿里赫基拉斯城。在

炮口
瞄准具
炮口固定器
仰角调整器
炮管
脚架
底座
横向调整器

🔺 迫击炮的工作原理

这种危急的情况下，处于四面埋伏之中的阿拉伯人想出了这么一个主意。他们派士兵在城垛上支起了一根根的短角筒，而筒口则高高翘起朝向城外。战士们从筒口放入了一包黑火药，再放进一个铁球，点燃药捻后就能射向城外的西班牙士兵。这种被称为"摩得发"的原始火炮，可以说就是现代迫击炮的雏形。

最早的迫击炮

而世界上第一门真正的迫击炮则诞生在1904年的日俄战争期间，它的发明者则是俄国炮兵大尉尼古拉耶维奇。当时的沙皇俄国与日本为争夺中国的旅顺口而展开激战，俄军占据着旅顺口的要塞，而日本挖筑的堑壕已经逼近到了距俄军阵地只有几十米的地方，俄军难以用一般的火炮和机枪杀伤日军。于是尼古拉耶维奇便试着将一种老式的47毫米的海军臼炮改装在带有轮子的炮架上，以大仰角发射一种长尾形的炮弹，结果竟然有效地杀伤了堑壕内的日军，并打

微声迫击炮射击时只能听见很微弱的声音。该炮要实现微声，其原理并非如微声枪那样在枪口装有消声器，其秘密在所使用的炮弹上。这种炮弹弹体后半部装有一个金属圆筒，火炮发射时产生的燃气、烟雾、火焰都被封闭在了圆筒里面。

兵器简史

世界上最大的迫击炮"利特尔·戴维"诞生于第二次世界大战期间。该炮的口径为914毫米，炮筒的重量为65304千克，炮座重量为72560千克，发射的炮弹重量约为1700千克。它的诞生是为当时盟军正面攻破德军而秘密设计制造的。

↟ LLR81毫米迫击炮

退了日军的多次进攻。这门炮使用长型的超口径迫击炮弹，全弹质量为11.5千克，射程为50米—400米，而射角为45°—65°。这种在战场上应急诞生的火炮，当时被叫作"雷击炮"。第一次世界大战中，由于堑壕阵地战的展开，各国纷纷开始重视迫击炮的作用，他们在"雷击炮"的基础上研制出了多种专用的迫击炮。

迫击炮的发展

1927年，法国研制出了斯托克斯—勃朗特81毫米迫击炮，它装有缓冲器，由此便克服了炮身与炮架刚性连接的缺点，使自身结构更加完善，已基本具备了现代迫击炮的特点。等到第二次世界大战时，迫击炮俨然已经成为了步兵的基本装备。就拿美国举例来说，当时的美国101空降师506团E连的编制共140人，分为3个排和1个连指挥部。每排有3个12人的步兵班和1个6人的迫击炮班，每个步兵班配备1挺机枪，而每个迫击炮班则配备有1门60毫米的迫击炮。此时，迫击炮的结构已经相当成熟，完全具备了现代迫击炮的种种优点，特别是无须准备就能投入战斗这一特点使其在第二次世界大战中大放异彩。

据统计，第二次世界大战期间，地面部队一半以上的伤亡都是由迫击炮造成的，这足以证明迫击炮在当时的作用是不可忽视的，在战争中起着非常重要的作用。

◖ 美国士兵使用的以色列制造的M—120迫击炮

兵器知识

> M224 式迫击炮可以分解成两部分
> M224 式迫击炮特别适合于山地作战

M224 迫击炮 >>>

阿富汗战争中,以美英为主力的北约联军在代号为"共同行动"的大规模军事行动中重创阿富汗塔利班,重新夺回多个战略要地。其中,美英的 AC-130"炮艇机"、"捕食者"无人攻击机和"鹞"式战机等一批高技术武器虽然立下了汗马功劳,但是对于身处前线的普通士兵来说,有时候迫击炮一类简单便宜的"低端武器"反而更加实用。

伊拉克的失败

今天,伊拉克战争的硝烟已经结束了。对于失败的伊拉克人来说,在战争中没有将迫击炮派上用场,这不能不说是个遗憾。事实上,伊拉克人大量使用火箭筒绝非明智之举,原因在于火箭筒是直射武器,在打击目标之前,射手必须看到目标。但是,既然射手看到目标,那么同时就意味着目标也有可能发现射手。尤其对方还是拥有高端光学器材和夜视器材的美军,因此,伊拉克人是很难逃脱这些"眼睛"监视的。而且,美军修筑的防火箭筒的工事基本上都是一些像"墙"一样的建筑,能够阻挡住视线就能够阻挡住火箭筒。此外,火箭筒一旦发射,自己的目标也就很容易暴露;而迫击炮则是曲线发射,炮弹先飞向空中,飞过一个抛物线后再砸向地面,这样往往很难御防。

便携迫击炮

与装备先进战机和坦克的美英军队相比,阿富汗武装分子的装备就显得十分简陋。他们基本上的火力配置就是 AK-47 加火箭筒,外加迫击炮"远程火力支援"。战场上,300 多名塔利班武装分子就是靠着这样的装备差点围歼了一处美军哨所。针对这次事件,善于从战争中"取经"的美军也开始重视迫击炮的应用,大批重量轻、操作简易的迫击炮开始成为

● M224 迫击炮

兵器解密

为了提高 M224 型迫击炮的使用灵活性，美国陆军设计生产出了单兵手提型的 M224 型迫击炮。它采用 M8 式矩形小座钣，最大射程达到了 1 千米以上。其初速为每秒 237.7 米，最大射速为每分钟 30 发，持续射速则是每分钟 15 发。

⟲ M224 迫击炮

一线班排的主要支援火力。美国陆军加紧研发出了 120 毫米口径的 GPS 制导迫击炮，专门打击藏匿在山区的塔利班武装分子。不过，对于普通步兵来说，120 毫米的迫击炮和炮弹仍显得太过沉重。而 M224 型便携式迫击炮才是他们的最爱，在美军公布的阿富汗战场照片中，经常可以看到美国大兵一手拿着 M4 卡宾枪，同时肩上还挎着 M224 迫击炮。

M224 的特点

M224 型迫击炮的全部重量约为 22 千克，如果是采用简单的手提式射击模式，其重量竟然能减少到 8 千克左右。这样的重量就意味着美国大兵甚至可以不用两脚架，直接用手扶着炮身就能完成射击任务。虽

兵器简史

M224 式 60 毫米迫击炮是美国陆军于 1971 年开始研制的，其工程试验的完成时间是在 1972 年 4 月。1977 年 7 月，美国正式将该迫击炮定型并命名为 M224 式。1978 年，M224 迫击炮开始投入生产，用来支援前线的战争。

然 M224 迫击炮看起来小巧玲珑，但它的威力绝对不可小觑。M224 迫击炮的标准射程为 3489 米，这已经是便携武器的射程极限了。M224 型迫击炮还可以实现"人力快速射击"，3 名普通士兵轮番手动装填，就能在 4 分钟内发射 120 枚炮弹。

自行迫击炮

为了适应步兵快速机动作战的要求，提高步兵对迫击炮火力的需求，在步兵实现机械化的同时，迫击炮也在逐步向自动化的方向发展。自行迫击炮不仅包括迫击炮发射管，还配有完整的全套弹药系统、操作平台以及先进的火控系统。自行迫击炮装备有自动探测及定向系统、定位导航系统、激光测距仪，能实施 360° 的圆周射击，具有高度的战场机动性；另外，自行迫击炮采用全封闭装甲炮塔，具有一定的装甲防护能力，战场生存能力也明显提高。

⟰ M224 迫击炮

> L16式81毫米采用的是铝合金座钣
> L16式81毫米的战斗全重为37.85千克

英国 L16 式 81 毫米迫击炮 》》

英国的 L16 式 81 毫米迫击炮算是当代最好的 81 毫米迫击炮之一了，这款由英国皇家军械公司研制的迫击炮，在 1982 年的英阿马岛战争中的表现引起了美军的关注，随即美国陆军也装备了该炮，目前约有 39 个国家都装备了此炮。L16 式 81 毫米迫击炮的炮身长为 1280 毫米，其装备的末制导迫击炮弹的射程可以达到 5000 米。

适时出现

第一次世界大战期间，各种新式武器粉墨登场，火炮也经历了磨难和洗礼。作战需要火炮能将炮弹射向高空，以使其垂直落入敌方的战壕，迫击炮由此步入战争舞台。由于战争需要和科学技术的进步，欧美各国相继研制和发展迫击炮，迫击炮的生产技术也日益成熟。到了第二次世界大战时，迫击炮的结构已经相当成熟，炮弹的威力也有了显著的增强，成为了当时步兵作战必不可少的武器装备。20 世纪 50 年代中期，迫击炮取得了较大的改进和发展，极具代表性的便是英国研制的 L16 式 81 毫米迫击炮。

战场应用

1963 年，L16 式 81 毫米迫击炮开始装备英军。到了 1982 年 4 月，英国和阿根廷为了争夺马岛的主权，爆发了马尔维纳斯群岛战争，L16 式 81 毫米迫击炮在这场战争中支援了英国的步兵和机械化步兵作战。这场战争使得 L16 式 81 毫米迫击炮成为焦点，鉴于该炮具有威力大、重量轻、精度好等优点，除了英军以外，美国、奥地利、加拿大、印度、挪威、马来西亚、肯尼亚、也门和阿联酋等 30 多个国家的军队也都装备了 L16 式 81 毫米迫击炮。其中，美国所装备的正是在这款 L16 式 81 毫米迫击炮的基础上加以改进的 M252 式 81 毫米迫击炮。

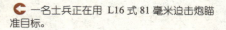
一名士兵正在用 L16 式 81 毫米迫击炮瞄准目标。

末制导迫击炮弹比一般的迫击炮弹具有更大的破甲威力,"莫林"毫米波末制导迫击炮弹可以击穿150毫米厚的坦克装甲。由于这种末制导迫击炮弹攻击的都是装甲较薄的顶装甲,因此它足以用来击毁现代各种主战坦克和装甲车辆,而且命中率很高。

部署部队和高速机动部队提供了近接火力支援。在地势复杂的阿富汗战场上,除了巡航导弹、精确制导炸弹等为人熟悉的武器以外,美军所拥有的鲜为人知的反恐利器就是M252式81毫米迫击炮了。在攻打塔利班和"基地"组织据点的地面战中,美军官兵经常会使用这种威力强大的火器实施先期的火力打击,从而有效地摧毁了恐怖分子的工事和设施。

⬆ M252 式 81 毫米迫击炮

改造与发展

1983年,英国为美国研制了M252式81毫米迫击炮,于1987年装备美军。该炮实际上是在英国的L16式81毫米迫击炮上加装了炮口超压衰减装置,用以取代美军原有的M30式107毫米重型迫击炮,为美军快速

兵器简史

20世纪80年代,以81毫米迫击炮为代表的中型迫击炮也取得了较快发展,其射程都超过了英国L16式迫击炮。比如奥地利陆军于1980年装备的SMI式81毫米迫击炮,就采用了飞机工业专用的轻合金材料,称得上是当今各国装备的同口径迫击炮中最轻的迫击炮之一,其射程高达5800米。

自身特色

L16式81毫米迫击炮的最大特色便是可以分解为炮身、炮架和座钣3部分携带。该迫击炮的最大初速为每秒297米,最大射速则为每分钟30发,而它在外形上的最大特点就是拥有另类的K型脚架,此外,该炮的炮管下半部外表刻有散热螺纹,而炮口处还装有一个内锥形的套圈,便于装填炮弹。通常,倘若部队处于行军状态,L16式81毫米迫击炮还可以在FV432履带式装甲人员输送车上载运或者发射。而该迫击炮可以发射的炮弹就是末制导迫击炮弹。

➡ 英国的 L16 式81毫米迫击炮

> RPG-7火箭筒的发射机构位于握把内
> RPG-7火箭筒于1961年左右大批量生产

RPG-7 火箭筒 »»»

RPG-7系列的反坦克火箭筒从研制、服役到现在,已经有半个多世纪的时间了。但让我们看不懂的是,如今这型明显已经上了"年纪"的武器,不仅没有"退休养老"的意思,反而有重新崛起的势头。无论是在阿富汗的战场还是在伊拉克无处不在的反美战斗中,都能见到RPG-7反坦克火箭筒活跃的"身影",它们几乎成为了武装分子的招牌装备。

RPG-7的诞生

冷战期间,面对着自己的潜在对手,即美国与西方盟国主战坦克装甲性能的不断改进和提高,苏军感到其大量装备的RPG-2火箭筒的威力已经明显处于劣势,本国的火箭筒在实战中表现出射程近、后喷火焰大、只能右肩射击等缺点。因此,20世纪50年代末,苏联研制出了RPG-7型40毫米火箭筒,这是一种在RPG-2火箭筒的基础上改进发展而来的新型反坦克武器。经过一系列的严格测试,苏联军方测试的最终结果是RPG-7火箭筒筒壁薄、质量小、威力大、射程远、后喷火焰小、结构坚固耐用、左右两肩均可射击。

RPG-7构造

当然,和RPG-2火箭筒比起来,RPG-7有着革命性的进步,比如其发射筒是采用合金钢材料制成的,由筒身和尾喷管两部分组成。该筒的前端有火箭弹定位销缺口,后部还有护盘,这是考虑到在战斗中筒身接触地面时,防止土、砂和其他的杂物把尾喷管堵塞。此外,RPG-7

↻ RPG-7火箭弹的引信一般是触发引信,但大部分都装有定时装置。火箭弹脱离目标后自爆,这个时间被控制在4.5秒钟,同时也把RPG-7火箭弹的最大飞行距离限制在1000米,防止造成误伤。

RPG-7 的发射机构能使发射时产生的尾焰相对减小,利于隐蔽作战,而且它还可以使火箭弹的弹道比较低伸,从而简化了射手的操作。此外,它明显地增大了射程。不过,其最大的缺点就是喷管露出筒口,朝向射手面部,如果不小心容易给射手带来伤害。

兵器解密

火箭筒的筒身上部装有准星座和标尺座,下部则装有握把联接耳、手柄固定凸壁和击针座室。该筒身的左侧是光学瞄准镜固定板,右面是两个固定护套带和背带环,其木制的护板由护板箍紧定,起到了隔热作用。而 RPG-7 火箭筒的击发机构则是由位于击针座室内的回弹式击针组件构成的,其保险机构用于闭锁扳机,防止走火。

↑ RPG-7 深受士兵们的欢迎。RPG-7 火箭筒从 1961 年开始大量生产,到 1966 年淘汰了苏军装备全部的 RPG-2 型号,成为步兵班的制式反坦克武器。

惊魂火箭弹

当然,对于整个RPG-7 火箭炮来说,最让对手惊悸的便是 RPG-7 配用的火箭弹了。这种配用的弹药主要是普通破甲弹、串联战斗部破甲弹和杀伤榴弹等多种锥形的火箭弹。RPG-7 火箭弹的引信一般是触发引信,但大部分都装有定时装置,以便当火箭弹脱离目标后可以自爆,这个时间被控制为 4.5 秒钟,同时设计者也把RPG-7 火箭弹的最大飞行距离限制在 920 米左右。

辉煌成功

到 1966 年为止,RPG-7 火箭筒已经全部取代 RPG-2 火箭筒,成为苏联陆军步兵班的制式反坦克武器。除此之外,该火箭筒还大量装备在华约国家以及阿拉伯国家、非洲国家的军队。这可是世界上第一种采用喷射抛射原理发射的火箭筒。它的成功告诉我们:高技术武器并非一切皆高,也会有自身的弱点,低技术武器也不是一无是处,只要使用恰到好处就能发挥威力,夺取战争的胜利。

兵器简史

第二次世界大战结束后不久,根据缴获的德军"铁拳"反坦克火箭弹,苏联科技人员研制出了 RPG-1 轻型反坦克火箭筒。RPG-1 继承了德国"铁拳"的超口径设计,弹头为聚能装药的穿甲弹。可以说这是德军"铁拳"的苏联版本,当然从性能上讲,RPG-1 更好,穿甲威力也更大。

↑ RPG-7 反坦克火箭筒

> 固定炮塔的炮塔可以旋转
> 胡里山炮台的总面积有7万多平方米

海岸炮 >>>

海岸炮是指布置在陆上,主要用来射击海上目标的一种火炮。因此,海岸炮可以射击各种水面目标,有些海岸炮部署的位置也能够对附近的地面目标进行射击。它主要是用于保卫海军基地、港口、沿海重要地段以及海岸线,或者是支援近海舰艇作战。事实上,海岸炮是在反舰导弹出现之前沿海地区唯一的防御系统。

海岸炮简介

海岸炮简称"岸炮",是配置在海岸的重要地段、岛屿和水道翼侧的海军炮,不过,它也可以对出现在空中的目标进行射击。海岸炮通常有固定式和移动式两种类型,固定式海岸炮一般配置在永备的工事内,而移动式海岸炮则又分为机械牵引炮和铁道列车炮两种。海岸炮具有不易被干扰、命中概率高、射击死角小、摧毁力强等特点。事实上,早在19世纪,世界上就已经出现了专用的海岸炮。初期的海岸炮与陆炮相同,有些是特别设计作为海岸防卫的,有些则是将陆军使用过的火炮改良制成的。

购买"炮王"

厦门岛地处我国的东南沿海,扼守着祖国的东南大门,那里早就建有多个炮台,最有名的就是长列炮台。1841年8月,英国舰队进攻厦门时,由于长列炮台装备落后,敌我力量悬殊,终因寡不敌众,长列炮台失守,所有的大炮都被英军推入大海之中。这场战争让当时的洋务派们强烈意识到"武器落后必遭挨打"这个不争的事实,鉴于此,以李鸿章为首的洋务派走遍世界考察军火,最后看中了德国埃森克虏伯兵工厂生产的克虏伯大炮。于是,闽浙总督谭钟麟上奏光绪皇帝,提出需要购买的意愿。

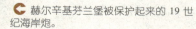
赫尔辛基芬兰堡被保护起来的19世纪海岸炮。

射击阵地是预先选定好不变的永久性阵地，而火炮本身并没有炮塔的保护，不过它可以在阵地当中改变射击的角度，而且在射击完毕或者是在装填的过程当中可以将火炮送回掩体当中予以保护，而该掩体当中包含有弹药的储存与输送空间等。

兵器解密

⚓ 克虏伯巨炮布置在胡里山炮台的东、西两个炮台。图为残存的西炮台。

"古炮之王"

克虏伯巨炮是由德国克虏伯兵工厂于1893年生产的，分别部署在胡里山炮台的东、西两个炮台之中。可惜的是西炮台的巨炮在1958年的"大炼钢铁"中被毁，只剩下安装巨炮、供其藏身的水泥地堡。得以幸存下来的东炮台巨炮的口径为280毫米，膛线有84条，炮长13.9米，炮高4.2米，炮重50吨，倘若加上炮弹起吊装置和轨道等附属设备，全炮重达82吨. 射程为10460米，有效射程是6460米。

海岸炮的新面貌

进入新时代后，麻烦的"古炮之王"当然也"退伍"了。20世纪初，海岸炮和舰炮统一了建造规格，统称为海军炮。作为海军岸防兵的主要武器之一，人们通常按照该火炮的口径、炮管数、防护结构、操作条件和射击性能，将海岸炮分为大、中、小口径岸炮；单管、双管、多管岸炮；炮塔岸炮、护板岸炮、敞开式岸炮；自动、半自动、非自动岸炮；平射岸炮和平高两用岸炮等。现代的海岸炮口径一般为100—406毫米，其射程为30—48千米，该火炮连同指挥仪、炮瞄雷达、光电观测仪等组成海岸炮武器系统，能自动测定目标要素、计算射击诸元、在昼夜条件下对目标进行射击，具有投入战斗快、战斗持久力强、穿甲破坏力强等特点，成为了海岸防御作战中的有效武器。

◀━━ 兵器简史 ━━▶

2000年，国家文物局确定胡里山巨炮为"世界上现存19世纪制造的最大、完整保存在炮台原址上的后膛海岸炮"。 而2002，德国埃森克虏伯历史档案馆两位资深专家签署声明确认："中国厦门胡里山炮台保存的大炮是世界上现仍保存在原址上最古老和最大的19世纪海岸炮。"

⚓ 胡里山炮台

空中利剑

　　将火炮带上天空，尽管其本意是用于战争，但仅仅从科技上说，这不能不说是人类的一个伟大创举。航炮自诞生至今，经历了近一个世纪的发展。这期间，它有过辉煌、有过失落也有过停滞。但数次战争的实践证明了，尽管时代在进步、科技在发展，尽管现在社会拥有了空空导弹等先进武器，但谁也不能取代航炮的地位，谁也遮挡不了"空中利剑"的光芒。

> 航空机关枪、航炮的原理、结构基本相同
多管旋转式航炮射速为每分钟 1500—
6000 发

航 炮 〉〉〉

伴 随着飞机的诞生以及战争的影响,火炮也"飞"上了天空。从此,世界上又有了一种新的武器装备——航炮。航炮,又称航空机关炮,是安装在飞机上的一种自动射击武器。它同地面火炮相比,口径还是小得多,其口径一般等于或者大于20毫米,此外,航炮还具有结构紧凑、重量轻、操作简便迅速的特点。

惊人爆发

航炮不仅射速高,而且性能也很可靠,主要被用于空战和对地攻击。由于它体积小、弹丸初速高、威力大,因此很快就成为了主要的机载武器,并在第二次世界大战中发挥了重要的作用。战争期间,曾经有一位飞行员驾驶着同一架飞机击落敌机352架,这个数字足以让我们感受到航炮的厉害。1916年,法国首先在飞机上成功地安装了世界上第一门37毫米的航炮。一直到第二次世界大战结束,航炮都是军用飞机的主要战斗武器。由此可见,航炮的诞生就如同自身的威力一样,有着惊人的爆发力。

航炮类型

航炮自诞生到现在已经将近一个世纪了,尽管现代技术使得各类新型武器纷纷诞生,但航炮凭借着自身的特点仍然走到了今天。如果按照结构来分类的话,航炮可以分为单管式航炮、转膛式航炮和多管旋转式航炮3种。其中

◐ 航炮又称航空机关炮,口径在20毫米以上,是安装在飞机上的一种自动射击武器。图为"二战"中的航炮。

兵器解密

"莫林斯"航炮是一种大口径的航炮,最初是计划用来对付坦克,但是随着重型坦克的出现,它又被用来对付舰艇和潜艇。该航炮是第二次世界大战期间英国空军使用的最多的大口径航炮。战争中,"莫林斯"航炮在对付德国潜艇时战绩不菲,成为了对付潜艇的得力武器。

⬆ 工作人员正在给 M39—20 毫米航炮装填弹药,弹舱可以装 280 发弹药。

单管式航炮是由一个炮管和一个弹膛组成的,它主要利用击发时火药气体产生的能量,从而能够自动连续地完成开膛、抽壳、抛壳、进弹、锁膛和击发的射击循环动作。该航炮的射击速速为每分钟400—1350发。而转膛式航炮则是由一个炮管和多个可以旋转的弹膛组成的,它是利用身管后坐或导出的火药气能量,从而使鼓轮旋转,再由各弹膛依次对准炮管进行击发,其射速可以达到每分钟1200—3000发。不过,转膛式航炮也有一定的缺点,那就是体积和重量大,而且它的转膛和炮管结合部密封起来比较困难,泄露出的高速高温火药气流会对炮管和炮舱造成一定程度的烧蚀、污染。

多管旋转式航炮

此外,另外的那种多管旋转式航炮则是由3—7个炮管和相应的弹膛组成的。在它的动力装置(电动机或液压马达)的作用下,其炮管和转轮能够高速旋转,而该火炮机心上的滚轮会在炮箱的螺旋槽内运动,使机心前后往复运动,从而完成连续射击

动作。多管旋转式航炮的炮管和转轮每旋转一周,每根炮管就会在相同的位置上射击一次。而该火炮的优点就是工作可靠,射击前不用预先装弹,消除了联装炮常有的不规律后坐力现象等。当然,它也有自身的缺点,那就是炮弹在弹膛内是和炮管一同旋转的,因此该炮的弹道性能就比较差,如果加大炮弹的散布,就会影响单发的命中精度。

兵器简史

事实上,早在很久以前就有人曾提出利用飞机搭载火炮来对付敌方飞机的想法。世界空战史上发生的第一次空中格斗是1911年在墨西哥上空使用的7.62毫米手枪进行的那次空中射击。那次事件之后,人们又设计出了20多种不同口径的机枪和机炮,其中最大的已经发展到了105毫米。

兵器知识

> 1938年维克斯S型40毫米航炮问世
> 第二次世界大战中，德国广泛使用BK-37航炮

早期航炮 >>>

火炮飞上天空，并不是一件简单的事。航炮自诞生到发展，也是经过了一系列改进而不断完善的。事实上，航炮刚诞生时根本就无法发挥自己"空中利剑"的强大威力，很多时候基本上成了无用的摆设。随着各国设计者的艰辛改进，航炮才实现了从小口径向大口径的成功转换；而它的威力，经过了两次世界大战的洗礼，也得到了充分爆发。

"野蛮混战"

第一次世界大战初期，手枪、步枪首先被带上了飞机，成为射击敌方飞行员的空战武器。飞行员有时也带上几块砖头、投箭之类的东西，专门砸敌机的螺旋桨。俄国飞行员涅斯捷罗夫就曾在他的飞机机身后部装上一把长刀，用这把刀子把德军飞艇的蒙皮

🔊 战争时期的战斗机可以清楚地看到航炮。

◀━━ 兵器简史 ━━▶

1915年，法国人将机枪与飞机发动机机轴平行安装，该机枪的射速是每分钟600发，而双叶螺旋桨的转速高达每分钟1200转。为了避免机枪子弹打在自己飞机的螺旋桨上，他们在飞机螺旋桨上安装了金属滑弹板。实战证明这种机枪很管用，法国人利用这种机枪击中了很多德军飞机。

划了一道大口子。而另一位俄国飞行员卡扎拉夫还曾成功地使用一种抓钩，钩住了一架德国飞机，并用机身把它撞了下去。这种原始的空战听起来更像是惊险的游戏，还好，这种状况随着飞机性能的改进，特别是机载武器的改进而结束了。

主角航炮

仿照这种办法，人们又将一些炮管较短、单发装填的地炮或者轻型舰炮搬上了飞机。但他们在使用中发现，这些登上飞机的地炮和舰炮过于笨重，而且后坐力也很大，加上射击效果不太好，因此不适应空战的要

1943年，少数的伊尔-2攻击机换装了37毫米的NS-37航炮，因为苏联认为德国装甲部队装备的坦克的顶部和后部装甲比较薄弱，23毫米航炮已经足够应付。之后的45毫米，甚至57毫米口径的航炮也被相继开发了出来。

求。于是人们开始研制飞机专用的航炮，但是，在飞机上安装航炮往往会受到尺寸、重量、后坐力等方面的制约，因而其口径都比较小，种类也不多。早期人们研制的航炮多为炮管后坐式、导气式和转膛导气式航炮，而加特林转管式和链式航炮则是美国在第二次世界大战后研制的新型自动航炮。

早期飞机上装载的机炮

重型航炮

事实上，37毫米以上口径的航炮从来没有作为机载武器大范围地流行过。尽管一直以来人们都在不断尝试给飞机安装上重型火炮，但由于一些技术瓶颈，始终困绕和限制了大口径航炮的运用。大口径航炮最大的优势在于其对重型轰炸机、小型舰船和坦克的一击必杀的威力，这在没有导弹和精确轰炸技术的年代对人们有着致命的吸引力。

小口径航炮

出自苏联的第一种新型对地攻击机就是著名的伊尔-2，它于1939年完成了首飞。

总装甲重达990公斤的伊尔-2攻击机成了德国地面部队的噩梦，尽管它的机动性不佳，很容易遭受战斗机的拦截，但厚装甲却保护了它免受地面轻武器的伤害。在斯大林的亲自过问下，战争期间伊尔-2攻击机总共生产了36000架。伊尔-2攻击机可是人类航空史生产数量最大的飞机之一，高产量是为了弥补其在战斗中同样高的惊人损耗。伊尔-2采用的是高射速的小口径机炮，最初是20毫米ShVAK航炮，随后换装了威力更大的23毫米VYa航炮，这样它就可以发射更大更高速的炮弹了。

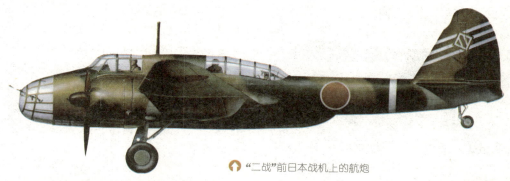

"二战"前日本战机上的航炮

> "母牛炮"主要被作为地面防空炮使用
> 1938年，维克斯S型40毫米航炮诞生

战争中的航炮 >>>

两次世界大战中，各个国家的军事设计者都格外看重本国航炮的更新与发展，尤其是在第二次世界大战中。事实上，有很多新设计的航炮还没有投入生产或者仅仅只是通过了原理验证，就随着战争的结束而华丽谢幕了，这对那些军事机器爱好者来说算是一大遗憾了。不过，"凡走过必留下痕迹"，还是让我们看看其中的一些代表之作吧！

"一战"中的法国航炮

法国人在第一次世界大战期间发现了航炮的新用途：反潜。由于本次战争期间的飞机一般速度都比较缓慢，其反潜方式主要是进行俯冲投弹以完成攻击，因此被追踪的潜艇一般都来得及赶在飞机俯冲投弹之前就迅速下潜，以脱离对方的攻击范围。法国人因此设想到：如果在反潜机上装备一些大口径的航炮，那么装载机就可以拥有直瞄打击的火力，从而就能大大扩展飞机的攻击距离。很快，这些设想者就将自己想到的这一理论付诸在了实践上，而他们实践的最高成

就就是"远洋水上飞机"。这种大型水上飞机拥有4名机组成员，其最大留空时间可以达到8小时，飞机上装备有2挺机枪、120公斤的炸弹和一门75毫米的航炮。不过，该飞机最终只停留在原型机阶段，并未进入到空军服役。幸运的是，法国空军显然没有完全放弃大口径航炮反潜的思想，于是1920年—1922年，一架名为T7的飞机作为75毫米航炮的测试平台，为该航炮进行了一系列的试验。

"一战"中的英国航炮

同一时期，英国方面也对大口径武器用于航空领域产生了兴趣，皇家空军在这方面还进行了大量的试验。这时的大口径航炮主要用来攻击防空气球和飞艇，偶尔也被用于对地攻击。其中最成功的设计就是37毫米的"母牛炮"，与同口径的航炮相比，它的重量非常轻，采用全自动发射，其弹道性能优秀。不过，由于体积过于庞大影响了该航炮的实用性。

🔺 "一战"时期战斗机上的航炮

第二次世界大战结束之前，一些新式的攻击机开始试飞，这些型号的飞机在外形上很像轻型的轰炸机，但性能却接近战斗轰炸机。其中的典型便是美国开发的 A-38 灰熊——一种外形紧凑简洁的飞机，该机的机鼻处安装有威力强大的 T-15E1 75 毫米航炮。

兵器解密

⬆ 老式飞机上装载的航空机关炮

"二战"中的发展

在经过了两次世界大战之间约 20 年的"冰河期"后，各国对大口径航炮的兴趣随着第二次世界大战的爆发而重新被点燃。第二次世界大战初期，德国装甲部队的所向披靡使得盟国空军希望得到专用的航空反坦克武器和专用反坦克飞机。这主要是考虑到轰炸机不能实现精确攻击，而且飞机在攻击装甲目标时开火距离通常很近，所以大口径航炮相对低的射速仍然是可以接受的。尽管在需求上不存在问题，但技术瓶颈仍然使大口径航炮的发展步履维艰。坦克防护力的发展使得只有直接命中的炮弹才能对其造成伤害，而要航炮达到如此高的命中率还是会有相当的难度，装甲较薄或者没有装甲的"软皮车"以及马拉炮兵显然是更容易摧毁的目标，但用大口径航炮来对付它们就显得太过浪费了。

无后坐力航炮在苏联

从 1930 年—1936 年，库尔奇耶夫斯基设计出了一系列的大口径无后坐力航炮，并且安装到了试验型飞机甚至量产的战斗机上。不过，他的设计也同样受到后射焰的严重困扰，以至于不得不把火炮挪到机翼上，或者将炮管极度拉长，使炮尾突出于尾翼，防止巨大的后射焰伤害机体。而真正接近于成功的设计是 Z 计划，也被称为 TsKB-7，它是一种由格里格洛维奇设计的小型下单翼战斗机。格里格洛维奇后来设计出了 IP-1，其翼梢上安装了两门 APK-4 航炮，每门航炮可以携带 5 发炮弹。尽管 IP-1 进入了量产阶段，但无后坐力炮并没有被采用，而是换成了常规发射原理的 ShVAK 20 毫米机炮。

◀━━━━ 兵器简史 ━━━━▶

B-25G 米切尔中型轰炸机装备有 1 门 75 毫米的 M-4 航炮，这种 M-4 航炮是一种轻巧紧凑的陆军火炮，B-25G 轰炸机的机鼻空间刚好能容纳它。这种火炮在对付小型舰船和地面目标时非常有效，但由于它只能手动填装，而且备弹量也很少，因此经常被拆下来换成几挺机枪。

兵器知识

> 航空机枪的口径都在20毫米以下
> 现代航炮的有效射程大约是2000米

重现辉煌 >>>

尽管航炮在第二次世界大战中是主要的航空射击武器,可惜好景不长,到了20世纪50年代,由于科学技术的发展,世界上又诞生了空空导弹,航炮在一些飞机上被取消了。不过,近年来,由于飞机采取低空、超低空突防,加上导弹威胁的日益加剧,人们希望能使用一种最有效的武器进行拦截,航炮又重新崛起,成为一种很有竞争力的武器。

航炮的崛起

在现代条件下,飞机携带的航炮主要是用于近距离的格斗,也就是说,航炮是在空空导弹的最小射程以内填补死区的。鉴于这种战术使用原则,射速快、反应时间短就成了航炮重要的战术技术指标。此外,处在目前条件下空空导弹要击毁有装甲防护的敌机还是相当困难的,其威力明显不够,因此也逐步被航炮所取代。航炮俨然已经成为了现代飞机的一种重要的近防武器系统,中东战争的实践证明,它仍然是不可缺少的航空近战的武器。

航炮新趋势

原本随着空空导弹的出现,航炮的生存面临着极大的威胁,甚至一度出现了"航炮无用论"。尽管越南战争证明了航炮的作用

 AH-64航炮

所谓转膛炮，就是指弹膛会旋转的火炮，即在射击过程中炮管不转，只是几个弹膛依次旋转到对准炮管的发射位置进行发射，其原理很像左轮手枪的射击原理。事实上，转管炮的射击原理恰恰与其相反，它是弹膛不动而炮管连续不断地旋转。

兵器解密

兵器简史

现代的航炮一般都是集雷达、指挥仪和火炮三位一体的紧凑型配置，其自动化程度很高，反应时间只有3—7秒钟。通常，现代航炮的口径一般是20—30毫米，弹丸初速为每秒700—1100米，其射速每管可以达到每分钟400—1200发。此外，现代航炮主要有单管转膛炮、双管转膛炮和多管旋转炮等。

仍然是不可替代的，但它还是出现了明显的趋势：现代战斗机都是使用口径在30毫米以下的小口径高速航炮，并且是作为导弹的辅助武器使用的，即使是专用的对地攻击机。第二次世界大战后的60年以来，除了第一代喷气机尚有少数保留了30毫米口径以上的航炮外（苏制的37毫米航炮曾装备

在了著名的米格-15战斗机），唯一装备了超过大口径重型航炮的就是美国的AC-130炮艇机了。

现代航空炮弹

20世纪70年代以来，随着航空机关炮重新受到重视，新的航空炮弹也不断出现。其中以穿甲为主的弹丸最为著名，而以爆破为主的弹丸，则使用了性能更好的引信。到了20世纪80年代，开始应用的近炸引信更是增大了对小型目标射击能力，一些新的航空炮弹已经使用了铝制药筒和电底火；还有一些正在试验可燃药筒与液体发射药，以进一步提高航空炮弹的性能。伴随着科技的不断发展，新的航空炮弹必将为航炮的重现辉煌谱写美丽的赞歌！

AC-130是在C-130飞机的基础上改制而成的，为适应特别行动的高要求，对原有的火力系统和传感器作了较大的改进，它能够在不同的情形下进行连续、如外科手术般纵深的、精确的空中打击。

> M53 穿甲燃烧弹的头部填充有燃烧剂
> M56 高爆燃烧弹碰撞目标后会发生爆炸

"火神"M61A1 航炮 >>>

"火神"M61A1 机载航炮是一种由美军研发,经常被装载在战斗机、直升机上的高射速近距离火炮系统。之所以被称为"火神",是因为该航炮的射速非常高。它的声音听起来就像是重型的混凝土钻孔机,这种"嗡嗡"的快速击发声音甚至比美军士兵形容德军 MG 机枪听起来"像撕裂亚麻布"还要密集。

加特林炮

"火神"M61A1 机载航炮是加特林炮的一种,可什么是加特林炮呢?这可就要从头说起了。1947 年,新组建的美国空军开始寻求一种新的航炮以替代 12.7 毫米的机枪。第二次世界大战的经验表明,德国、日本和意大利轴心国的战斗机在航炮方面占有战

⊱兵器简史⊰

原先的加特林原理的机枪一般使用弹链供弹,在"火神"每分钟高达 6000 发的射速下,弹链成为了最脆弱的一环。因为弹链在该高速的拉扯下,连接处很容易发生变形、弯折甚至断裂,从而会造成机炮卡壳。此外,弹链还占用了弹药箱宝贵的空间,减少了弹药数量。

术优势,而美军的 P-51、P-47 广泛装备的 12.7 毫米机枪却射程近、威力小,尽管 P-38 装备的 20 毫米"西班牙人"航炮威力不错,但它的射速又太低。在随后朝鲜战争中,F-86 战斗机更加暴露了机枪威力不足的缺陷,明显弱于大口径的航炮。美军突然想起海军曾经为小型鱼雷艇、炮艇发明的那种加特林转管炮,便灵机一动,把 19 世纪出现的这种转管炮改头换面,将人力驱动改成电力驱动,而其基本原理保持不变。

"火神"诞生

1950 年,美国的通用电气开始为本国

兵器解密

F-16战斗机的机身中安装有一个巨大的圆形弹鼓，它里面有一个阿基米德螺旋杆，弹药就顺着螺旋杆排列。当阿基米德螺旋杆旋转时，弹药就被"挤"到向航炮供弹的传送带中，这样就等于有了一个自动化的弹药传输导轨，就避免了因弹链引起的问题。

设计者还专门为F-22设计了轻量化的"火神炮"。

"火神"结构

加特林转管炮在射速和身管寿命上占有先天的优势，其炮管在旋转的同时，每根炮管都处于不同的发射阶段。而当炮管旋转到最高点时，膛内的弹药就会被击发，旋转过最高点后经过抛壳、装弹，在下次旋转到最高点时又会被击发，如此循环下去。所以就好像6门20毫米单管炮在并型射击一样。由于有6个炮管分担着整个射击循环，所以在相同的射击次数下，"火神"炮的身管寿命是单管炮的6倍。不过由于该炮的射速极高，因此短时间内要耗费大量的弹药，为了维持一定的持续射击时间，往往需要大容量的弹药箱，这或许算是"火神"的一个缺点吧！

F/A-18C 大黄蜂上安装的 M61A1 航炮

空军的"火神"计划研制一种机载航炮，该炮正是基于理查德·J·加特林在19世纪发明的转管炮技术。1953年，预生产型的"火神"炮进行了第一次试射，随后被安装在一架洛克希德F-104战斗机上进行了第一次空中试射。在最初的机载试验中，新设计的航炮暴露出了这么一个问题：火药废体无法顺利排出，四处蔓延，并一度导致测试暂时终止。后来，设计者为F-104炮舱设计了更好的排烟孔，很好地解决这一问题。在经历了要导弹不要飞机的偏见后，M61机载航炮成为了美国战斗机的制式武器。

M61A1 航炮的炮弹

GAU-12"平衡者"航炮 >>>

GAU-12/U"平衡者"航炮的意思是通用自动火炮,这是一种25毫米口径的5管加特林机炮,目前已经被美国、英国和一些北约国家在战斗机上使用,或是装备于一些战斗车辆中。该航炮是美国通用电气公司在1970年代末期制成的,事实上,它就是在GAU-8/A"复仇者"航炮的基础上缩小而来的。

发展计划

5管设计的 GAU-12/U"平衡者"航炮之所以是从 GAU-8"复仇者"航炮改进而来,主要是为了发射全新的北约系列 25×137 毫米机炮弹药。这一系列的 GAU-12/U"平衡者"航炮是由 11 千瓦的电动机来完成操作的,其装置在机炮的外部,并且以引气机压缩空气来驱动机炮的气动系统。通常,GAU-12/U"平衡者"航炮使用的是 PGU-20/U 穿甲燃烧弹或者 PGU-22 / PGU-25

高爆燃烧弹。正因为如此大威力的弹药和比较可观的枪口初速,该航炮的威力比起旧式的 20 毫米口径的 M61"火神"航炮有更高的致命性,而且它比旧式的 30 毫米口径的"亚丁"转轮式航炮的射速更高,大有取代它们的趋势。

GAU-12/U 的衍生

GAU-22/A 航炮是 GAU-12/U"平衡者"航炮系列的最新应用,这是 GAU-12/U"平衡者"航炮的 4 管版本,设计上是为了适用于 F-35"闪电"II 攻击战斗机;而它的传统起降型版本将会安装该机炮的内部,而垂直起降型版本和舰载型版本则会通过安装外置的吊舱使用。GAU-22/A 航炮和 GAU-12/U 航炮的主要区别就是 GAU-22/A 航炮是 4

⬆ 安装在机腹 GAU-12/U 航炮

目前使用 GAU-12/U "平衡者" 航炮的非常多，它也被洛克希德 AC-130U "幽灵" 式空中炮艇所使用，而且还将原来安装于 AC-130H 的左舷上的两具 M61 "火神" 航炮都取代了。目前还有其他 GAU-12/U 系列机炮使用的计划，包括安装在 AH-1 "眼镜蛇" 攻击直升机上。

◀◀◀兵器简史▶▶▶

英国原本计划使用一对 "亚丁" 25 毫米口径的航炮（是以原来的 "亚丁" 转轮式航空机炮作为基础，改为使用和 GAU-12/U 航炮相同系列的弹药），可是，由于该航炮受到长期拖延导致研制出现问题，最终于 1999 年取消了。因此，英国 GR7 和 GR9 海鹞 II 式攻击机最终并没有装备任何机炮。

↑ 5 管设计的 "平衡者" 机炮于 1970 年代末期开始研制，并以 GAU-8 "复仇者" 的机构作为基础改进，以发射全新的北约系列 25×137 毫米机炮弹药。

管的加特林式机炮，而不是 GAU-12/U 航炮的 5 管型设计。4 管设计版本的本意就是减轻重量和提高准确性，这款武器的承包商仍然是美国通用动力装备与技术产品公司。

航炮吊舱系统

起初，GAU-22/A 航炮的吊舱系统是专门为美国海军陆战队的 AV-8B "海鹞" 攻击机研制的。该航炮的吊舱系统由 2 个吊舱组成，分别挂在 AV-8B 攻击机机身下部的左右两侧，右侧吊舱内装有弹药及其供弹系统，而左侧的吊舱内则装有 1 门 5 管 25 毫米口径的 GAU-12/U 转管炮及其气压传动装置、炮口燃气偏转器和后座转接支架。这 2 个吊舱是由内装输弹道和传动轴的外罩连接在一起的。该吊舱系统的另一特点就是采用闭环无链供弹系统，其中的 300 发炮弹是分层排列的，通过输弹道进入左侧吊舱机炮的进弹口。与此同时，机炮射击时抽出

的弹壳或哑弹会进入输弹道，再返回到右侧吊舱的弹箱内，占据炮弹射出后腾出的位置。弹壳留在吊舱内，既可以使飞机横向重心位置变化不大保持飞机射击时的稳定性，又能使弹壳不损伤飞机。

↻ GAU-12/U 通用自动火炮

> GAU—8/A航炮的弹箱储存有炮弹和弹壳
> "复仇者"的输弹系统有闭合输送带和
> 滑行导槽

GAU—8/A 复仇者航炮 》》》

GAU—8/A复仇者航炮是由原通用电气公司(后改为马丁·马丽埃塔军械系统公司,现为洛克希德·马丁军械系统公司),于1971年在"火神"20毫米口径6管M61A1炮基础上发展的30毫米口径7管炮,专用于美国空军的A—10攻击机,其中GAU—8/A是该航炮的编号,而"复仇者"则是它的名字。

诞生经过

事实上,通用电气公司早在1968年就自筹资金,开始了对GAU—8/A复仇者航炮的探索研究。1971年,美国空军与通用电气公司签订了价值2110万美元的合同,为处于竞争研制状态中的A—10攻击机研制30毫米口径的GAU—8/A机炮。第二年,飞歌福特公司的A—10攻击机中标,随后与美国空军签订了研制A—10攻击机的合同。1973年1月,GAU—8/A机炮在埃格林空军基地进行了首次发射试验;同年4月,美国

兵器简史

7GAU—8/A复仇者航炮的工作原理是:先由其出口装置将炮弹从弹箱取出并置入输弹系统;再由输弹系统负责传输炮弹和弹壳;而转换装置则会从输送带上取下炮弹,供给机炮,并将弹壳送进输送带,传到入口装置;最后,入口装置会将弹壳从输送带取下,送入弹箱中。

空军与通用电气公司签订了2375.4万美元的合同,提供了3门预生产型机炮用于鉴定试验,并提供了8门预生产型机炮装备飞机。此外,这一年的年末,该机炮装备在了费尔柴尔德公司的第一架A—10原型机中。1974年2月,GAU—8/A复仇者航炮在A—10攻击机上首次进行了发射试验,并于1975年开始正式投入生产,随后进入现役。

大体结构

GAU—8/A复仇者航炮的结构与"火神"M61A1航炮大体相同,但个别部件和原理还是有些差别的:M61A1航炮采用的是下压闭

🔧 A—10雷电二式攻击机

兵器解密

贫铀穿甲弹会严重污染环境,虽然贫铀在平常储藏的状态下辐射极小,但在高温下辐射剂量却会直线上升。海湾战争、科索沃战争中已经反复验证了这一点。因此日本公众曾强烈抗议美军A—10攻击机在冲绳岛日常演习中使用贫铀穿甲弹。

🔴 GAU-8A 格林机炮威力极大,可打穿战车护甲。

锁式机心,而GAU-8/A航炮则采用旋转闭锁式机心,其随动凸轮和闭锁/开锁滚轮装在机心体尾部,当机心组件向前运动到闭锁区内,凸轮作用滚轮,滚轮依次旋转,机心头就会进入闭锁位置。该航炮的机心组件装有撞针、撞针簧和扳机簧,扳机簧受固定机匣上的发射凸轮控制。在机心组件向前运动并旋转进入发射位置的过程中,扳机簧受到压缩然后被释放。

工作原理

GAU-8/A航炮采用的是一种转子反转退弹原理,由自身的液压传动装置控制这种退弹动作,确保第一发炮弹处在进弹口上的相应位置,释放扳机后在一次射击循环中机炮内尚未发射的炮弹,通过转子反转运动在1秒钟内返回到了进弹口,准备下次发射。该航炮的供弹系统由圆柱形弹箱、出口装置、输弹系统、转换装置和入口装置组成,工作原理与M61A1相似。该系统的液压传动装置与飞机液压系统是隔离的,采用2个马达单独工作,以半射速发射时则只需要启动1个马达就可以了。此外,该系统除了控制机炮的2种射速外,还控制机炮反转退弹和供弹系统工作,使机炮与供弹系统工作协调一致。

➡ 在沙漠风暴中行驶的 A—10A

> GAU—19/A 同一型机枪有两种枪管
> GAU—19/A 使用的曳光弹的可视距离为 1600 米

GAU—19 机枪 »»»

G AU—19/A 机枪的字面意思是通用自动火炮，这是由美国通用电气公司开发，而目前却是由通用动力公司来制造它的电力驱动加特林式机枪。GAU—19/A 机枪发射的是 12.7×99 毫米子弹，由于它自身的重量和大小的关系，该机枪不是一种可以轻易地在任何场地中随身携带的武器系统，因此它往往被安装在直升机、地面战斗车辆和水上船舰之中。

早期发展

GAU—19/A 机枪最早是由美国通用电气公司生产的，之后被转交给了洛克希德·马丁公司生产，之后才交由通用动力公司生产。早期的 GAU—19/A 机枪原型装有 6 支枪管，但现在的版本标准是 3 支枪管，这是为了减轻该航炮的重量而特意改进的。最初的 GAU—19/A 被设计为 M134 "迷你炮" 的大型化、增强火力型的版本。后来，由于通用电气公司在格林纳达的分公司损失了 9 架直升机的订单，因此该公司便开始设计此

武器的原型，有 6 支枪管和 3 支枪管两种版本的结构。不久以后，该武器又被推荐成为 V22 "鱼鹰式" 的潜在武装之一。GAU—19/A 机枪的弹鼓设在机舱的地板下面，可以在飞行期间重新装填，遗憾的是，安装该武器的计划却在后来以不了了之而告终。

广泛使用

尽管 GAU—19/A 机枪之前的一些改进计划早早结束变为泡影，但这并未影响到该机枪的销售状况。1999 年，美国向哥伦比亚出售了 28 台 GAU—19/A 机枪。而阿曼采用 GAU—19/A 航炮则是众所周知的事情，他们将该武器安装在了自己的悍马上使用，其目的是对地面扫射，而该机枪的射速仍然保持在了 1000—2000 发/分钟。2005 年，GAU—19/A 机枪被批准安装在 OH—58 "奇奥瓦" 上，它也可能将会用于陆军的新型武装侦察直升机。此外，墨西哥海军也将 GAU—19/A 系统安装在了 MDH MD—902 系列直升机上，并且在缉毒行动中使用。

⋒ GAU—19 由于其重量和大小的关系，它不是一种可以轻易地在任何场地中随身携带的武器系统，因此往往是安装在直升机、地面战斗车辆和水上船舰之中。

从 2006 年,日本海上保安厅之中编号 PC108 以后加贺雪型小型巡视船都会装上 GAU-19/A 机枪,并以 RFS(一种海岸警卫队使用的火控系统)的远程控制功能进行目标追踪及射击。现在无论远程控制功能进行目标追踪及射击都只须要从 RFS 操控,而无须直接人手操作。

兵器解密

外,有些 RFS 曾经搭配 M61"火神"机炮,并于九州西南海域间谍船事件之中大展神威。这样一来,即使在 3 米高海浪的恶劣天气条件下,该机枪仍然能展示出优秀的精确度。为了对付将来的可疑船只,日本的海上保安厅目前正在取代旧式的人手操作型机枪。

安装在直升机上的 GAU-19

以旧换新

选择 GAU-19/A 机枪装备的国家还有日本,自 2006 年开始,该国的海上保安厅之中编号 PC108 以后的加贺雪型小型巡视船上都会装上 GAU-19/A 机枪,并配有 RFS(一种海岸警卫队使用的火控系统)的远程控制功能进行目标追踪及射击。而编号 PC107 以前的加贺雪型小型巡视船上装上的只是勃朗宁 M2 机枪,其射速只有 GAU-19/A 机枪的一半,还需要人员操作,以进行火力强大和精确的射击。而现在,无论远程控制功能进行目标追踪还是射击,都只需要从 RFS 操控,而无须直接人手操作。另

开始与现在

GAU-19/A 机枪最初的设计目的是为了弥补 M134 机枪的威力和射程不足的问题,现在该计划可能用于对陆军最新的武装侦察直升机。尽管一开始,该计划是为了装备新研制的 V-22"鱼鹰"倾转旋翼飞机,但到了 1985 年,由于削减预算,V-22 计划就此搁浅,之后的发展还是受到一定的限制。

GAU-19/A 采用两种供弹方式,无链供弹,或装上一个脱链机构后用标准的 M9 可散式弹链供弹,其射速在每分钟 1000 发至 2000 发之间可调。

> ◀兵器简史▶
>
> GAU-19/A 机枪的射速和连射长度是可以控制的,士兵能根据任务和目标特征选择不同的射速和连射长度,以获得最佳的射击效果。该机枪采用了北约组织的 12.7 毫米口径标准弹药,其中包括实心弹、穿甲弹、爆破弹、燃烧弹和曳光弹。这些弹药与 7.62 毫米的弹药相比,弹道性能要好得多。

> 1973年,首架"狂风"战斗原型机试飞
> BK-27于1995年以吊舱形式展出最新
> 出口型

BK-27 航炮 »»

BK-27航炮是世界著名的德国毛瑟公司于1971年开始为"狂风"战斗机研制的新一代单管转膛炮。该机炮的研制项目是欧洲实施的"北约组织多用途战斗机研制管理机构"整个计划中的一部分,其设计要求是:高初速、高射速、高精度和高可靠性等。目前,BK-27机炮已经用于"狂风"战斗机、Alpha喷气机和瑞典的Gripen战斗机。

深受青睐

BK-27航炮经过了一个详细的性能评价之后被装备在了欧洲的战斗机之中,其实早在20世纪80年代中期,毛瑟公司的BK-27机炮就非常受青睐。这种威力强大的机炮有着非常好的潜力应用未来下一代飞机,这主要归功于它的性能参数。换个角度来看,BK-27航炮的任务性能范围从通

🔊 BK-27机炮

兵器简史

BK-27机炮由计划装备"狂风"战斗机的英国和意大利在各自国家内进行生产,分别由英国皇家兵工厂和意大利布雷达、贝雷塔等公司负责。该产品于1976年正式开始研制,1979年进入德国空军服役,随后进入英国和意大利空军服役,并远销到了安曼、沙特阿拉伯等国。

过精确瞄准直到接近中心的空中校正,衔接在了一个非常敏捷的空中战斗工作环境内。而且,经过多种现代技术的升级,该航炮的寿命周期成本被减低到了一个最小值上。

大体结构

威力强大的BK-27航炮是一种完全自动气动旋转式航炮,该航炮的位置视喷气战斗机的情况而定,其弹药能从任意的左侧或右侧加载。BK-27航炮的炮管长度是1.4米,而航炮的总长为2.31米。正常情况下,该航炮的发射速率是每分钟1700发,而发出的炮弹则是采用电点火。目前,毛瑟枪已

兵器解密

"狂风"战斗机是为适应北约组织对付突发事件的"灵活反应"战略思想而研制的,主要用来代替"火神"、"坎培拉"、"掠夺者"等战斗机和轰炸机,执行截击、攻击等常规作战任务。1969年,英国、德国和意大利三国联合成立公司来设计它。

经发展到了一个所谓的"自身包含系统",用于弹药输送和装卸搬运用尽弹药并且链接。有关航炮持续工作的这个难题,已经被LAB系统克服了,并且这个功能还被用在了欧洲战斗中的链装弹药中。

易碎穿甲弹/20mm×102弹药

这种"易碎"的概念是摧毁"坚硬"和"柔软"两类目标,并没有对传统的高爆炸药和引信的使用依赖。该弹药被明确地设计用于飞机机炮,像是M39航炮和M61航炮,而且它是由一个易碎钨合金芯杆处于塑料性物质铸成的合适的钢制外壳中组成的,还使用了一个黄铜传动带。在冲击时候,易碎钨合金芯杆会穿透目标的外壳,并且逐渐增多破碎,释放出一个能量充分的碎片云,造成深入目标之内的损伤,还会保证一个高杀伤的概率。这可是一种非常先进的结构设计,有别于其他通过弹体碎片撞击目标的"破片式"弹药。

易碎穿甲/27 mm×145弹药

从整体来看,BK-27航炮和FAP-易碎穿甲/27 mm×145mm 弹药达到了最佳的配合设计目标,整套武器系统具有精密复杂、安全可靠、自动化程度非常高(自动进行弹药箱换装)的性能特点。在战争中用起来也是比较方便的,能提高作战的主动性。

从 JAS-9 狮鹫战斗机拆下的 BK-27

海上卫士

当人类社会迈入 19 世纪后，随着科学技术的跃升式进步，机动能力也在飞速增加。在第二次世界大战前夜，随着坦克、飞机、远程火炮等新技术的成熟和应用，将领们终于迎来了一个新时代。而且战争也在随着武器的不断先进化从而转移了阵地，从陆地的对抗转而向海洋进发。海洋上的武器就在战争中得以扬名……

> 穿甲弹使舰炮对付装甲变为可能
> 炮舰曾经是海军舰艇主要的攻击武器

什么是舰炮 »»»

从古至今，敌对的双方之间有战争就会有战场。在以前的战争中，绝大多数的战争都是在陆上进行的，后来随着疆土的扩张、各种战争方式的改变，还有就是战争武器的不断发展创新，战争已经开始从陆地扩展到了海洋，发明的大炮也开始从陆地转移到了船上。舰炮就是海军舰艇基本的武器之一，它是随着火炮的发展而成长起来的。

什么是炮舰

舰炮，就是以水面舰艇为载体的传统海军武器。现代舰艇的中小口径舰炮，反应快速、发射率高，与导弹武器配合可完成对空防御、对水面舰艇作战、拦截掠海导弹和对岸火力支援等多种任务。随着电子技术、计算机技术、激光技术和新材料的广泛应用，形成由搜索雷达、跟踪雷达、光电跟踪仪、指挥仪等火控系统和舰炮组成的舰炮武器系统。制导炮弹的发明，脱壳穿甲弹、预制破片弹、近炸引信等的出现，又使舰炮武器系统兼有精确制导、覆盖面大和持续发射等优

兵器简史

定远级铁甲舰是中国清朝委托德国伏尔铿造船厂制造的 7000 吨级的铁甲舰。定远级铁甲舰有两艘，分别为定远号及镇远号，二舰于 1885 年开始服役，成为清北洋水师的主力战舰。

点，成为舰艇末端防御的主要手段之一。

炮舰的性能

舰炮是安装在海军舰艇上的火炮，它主要是用于舰艇射击海上、岸上和空中的目标。其口径范围从 20 毫米（美国海军密集阵防空炮）到 460 毫米（日本"大和"级战列舰）。特点是重量轻、射界大、射速高、瞄准快、操纵灵活等，通常为加农炮。现代海军常用口径多在 20—130 毫米之间，多以雷达、光电瞄准设备和计算机组成的火控系统，使舰炮能在全天候情况下准确射击。

↑ 正在建造中的大和号舰艇

无畏号与以往战列舰最大的区别是引用"全重型火炮"概念，采用 10 门统一型号的、弹道性能一致的 12 英寸口径主炮。5 座双联装主炮炮塔，舰首尾各一座，舰体舯部锅炉舱后一座，布置在舰体中心线上；在 2 个锅炉舱之间，两舷对称布置各 1 座。

战舰上。但是当时火炮上没有瞄准装置，加上船体在水中摇摆，影响了射击效果，命中率低，射程近。后来，战舰上装备了发射爆炸弹的火炮，提高了战舰的作战能力。19 世纪中期，舰船上开始装备发射长圆尖头弹丸的线膛炮，它能有效地对付战舰装甲。随着舰船装甲厚度的不断增加，装甲的克星——带风帽的穿甲弹问世了。

19 世纪的炮舰

1873 年，鱼雷加盟海战之后，相应的产生了口径为 47 毫米和 57 毫米的舰用防（鱼）雷速射炮。这种炮演变成能对空对海设计的高平两用炮，从而奠定了中口径舰炮的基础。作为战舰主炮的大口径炮，主要用来攻击敌方的战列舰、巡洋舰和岸炮部队。随着飞机用于海战，舰船上又开始装备高射炮。俄军在 1815 年就装备了 76 毫米高射炮，就是当时一种较先进的舰用高射炮。

🔴 日本"大和"级战列舰前锋上安装的 6 支 18 寸枪支。

早前的炮舰

早在公元前 5 世纪，古人就曾将抛石机装在木船上用于海战。火药问世后，抛射机可以直接将燃烧弹抛向敌船。到 16 世纪末，管形火器发展较快，榴弹炮开始出现在

🔴 早期的舰炮

> 蒸汽动力在炮艇上的使用要早于战列舰
> 蒸汽动力炮艇不再依靠风向和潮流就能航行了

舰炮的历史 》》》

炮艇一开始就是一种以桨或帆来驱动的小型船只。它能携带一门重炮开到很浅的水域中去,支援海军和陆军作战。这样的炮艇在波罗的海使用,也在那些远洋海军不能靠近海岸的地方使用。风帆战列舰根本不能开到河口去,因为它们需要广阔的海域进行机动,它们不得不避开浅水区。

舰炮的蒸汽时代

19世纪20年代,3艘蒸汽动力的小炮艇打开了缅甸王国的大门,它们此行是为了支援东印度公司的冒险行动,这些炮艇不仅是一种浮动的炮台,而且还能在江河中当拖船用,甚至还可当作船来运兵。因为当时的蒸汽机尚处于初期发展阶段,所以它不是很可靠,它笨拙的轮翼很容易遭到敌人炮击,而且只能在风平浪静的时候才能有效地工作。这样就限制它只能在江河或者自己的海域中行驶。

🔺 铁制舰炮

由木变铁

木制浅水炮艇承受不了蒸汽机和大炮的重量。要安装由蒸汽机推进的螺旋桨,就需要铁制船壳。铁在许多方面都是木材所不能比拟的,它既坚硬又易弯曲,一旦建造了铁壳炮艇,不断地改进引擎的设计,并且使用螺旋桨代替明轮,就能使这种艇变得坚固、安全和快速。它可以造得大一些,以便有足够的地方来安装蒸汽机和大炮;但是,它也要求轻便,并且吃水要浅,以便在浅水中航行,因为船壳是铁制的,所以锅炉就变得不那么危险了。

🔺 舰炮,是以水面舰艇为载体的传统海军武器,曾经是海军舰艇主要的攻击武器。

19世纪出现了造船技术的三大革命——蒸汽动力、铁甲和现代火炮。蒸汽机以煤为燃料，早期的蒸汽机消耗很多煤。蒸汽炮艇要开到各个国家的内地去，就要依靠当地煤的供应——这是带战略性的问题。因此，欧洲经商的殖民者在世界各地办起了许多煤站。

◀兵器简史▶

19世纪30年代，炮艇开进了尼日尔河、幼发拉底河和尼罗河，并且闯进了中国的珠江和扬子江。以后，炮艇再次被派到缅甸去，接着又派到东京湾和安南，因为法国人已经开始在那里实施他们的统治了。

重视舰炮

当时并不是所有的炮艇都是铁制的，也不全都是吃水很浅的，英国皇家海军在克里米亚和波罗的海同俄国人作战中曾取得了一些胜利，它的编队中包括一些木壳船和比江河炮艇吃水深的船。这些船是为对付敌舰队进攻或对敌海岸进行攻击而设计的。这种概念在当时达到了高潮，并在19世纪50年代末引起人们的重视，因为当时的英国公众舆论相信，法国人要对英国重新进行战争。由于使用了蒸汽机，舰艇对海岸的袭击变得更加可怕。

⊙ 现代舰艇的中小口径舰炮，反应快速、发射率高，与导弹武器配合可完成对空防御、对水面舰艇作战、拦截掠海导弹和对岸火力支援等多种任务。

海战中的舰炮 >>>

在海战中,有了舰艇就会有对付它的舰炮,随着科学技术的发展,舰炮也处在不断进步的阶段。舰炮的研制和生产不只是为了显示一个国家的军事武器装备有多么厉害,关键还要看这些舰炮在战中是不是就像它的设计理论那样威力无穷,主要还是其在实战中的突出表现,世界战争史上确实就有一些舰炮起到了它应该达到的作用。

至尊舰炮

在世界舰炮史上,称得上舰炮至尊的就是日本的"大和"级战列舰的3座主炮,它们是"二战"时期各国海军战舰上所有主炮当中最大的。每座主炮由3门炮身长21.1米、重165吨、口径为460毫米的连装炮组成,炮弹重达1.4吨,击发到42千米处。整个炮塔重达2510吨,相当于一艘护卫舰的重量,主炮塔钢烧铁铸,极其坚固。1944年10月,"大和"号战列舰在菲律宾萨马岛附近的一次海战中,曾用9门主炮一齐发射,将美国

↑ 2006年,大和博物馆中一以10∶1为比例的"大和"号战列舰模级。

兵器解密

英国海军根据战斗力的大小将其大型军舰分为六个等级。第一、第二、第三级军舰上至少有 64 门重炮，其主要任务是编成海军战斗纵队，进行大规模舰队炮战。第四、第五、第六级按其担任的任务分为：驻守海外殖民地的警卫舰、运拖船队护航舰、商船的攻击舰等。

护航航空母舰"甘比尔湾"号炸成两截，可见其威力之大，也因为在这次战争中的突出表现而在第二次世界大战中得以扬名。

小个头的舰炮

在 1862 年 3 月 9 日爆发的汉普敦海战中，仅 987 吨的小个头"莫尼托尔"号首战便"提醒"了全世界，"告诫"了世人海战的新时代已经到来，以至于"莫尼托尔"号设计师的瑞典裔工程师约翰·埃里柯森死后，那些低干舷、浅吃水、装备回旋式重炮塔的舰艇便被称为"莫尼托尔"，译成中文便是浅水重炮舰。自从"莫尼托尔"号以来，那些小个头们风靡一时，以后各种意义的"莫尼托尔"发展轨迹又延续到了 20 世纪中叶，当然其中也不乏失败之例，走过的自然也不尽是平坦的道路。此战以后，美国海军建造的装甲舰中几乎全是清一色的"莫尼托尔"式浅水重炮舰，唯一的例外是一艘 7060 吨的"坦塔堡"号，然而它没有赶上战争，到了战后又遭到了军方的拒收，这样一来，美国海军成了那些小个头们的巢穴。

"胜利号"舰炮

"胜利号"是英国海军历史上一艘名舰，在 1805 年 10 月 21 日的特拉法尔加战役中是著名英国海军名将纳尔逊的旗舰。这艘名舰于 1759 年开始建造。1778 年开始服役，第一次参战即俘获法国"独立兽角号"巡航舰。1805 年在西班牙特拉法尔加海附近爆发的海战中，以霍雷肖纳尔逊勋爵指挥

据说浅水重炮舰是近代水面舰艇的先驱，低舷铁甲舰，浅水重炮舰，而据说，"莫尼托尔"号的设计师在给该舰起名之时，主要意在取其"警告，劝告，提醒，告诫"之意。埃里柯森的这番心意也得到了报答。

的英国舰队一举击败了由拿破仑率领的法国、西班牙联合舰队，确立了英国作为海上强国的霸主地位。前后经历了 19 个年头，是木船顶峰时代的产物。

↑ 1900 年，位于朴次茅斯港的 英国皇家海军"胜利号"。

兵器知识 > "大和"号是以其巨型主炮闻名于世
94式主炮是历史上威力最大的舰炮

九四式舰炮 >>>

"**大**和"号战列舰威力是常人难以想象的。如果它上面装有的460毫米的主炮打在"艾森豪威尔"号航母甲板上,甲板是绝对可以被击穿的,不过想击毁"艾森豪威尔"号航母,那还是有难度的。对于现代十分完备的航母系统,即使是"现代舰"的日本导弹击中"艾森豪威尔"号,它也不会被击沉的,除非"大和"号舰炮一炮击中武器舱。

武器装备

"大和"号的主炮是三联装94式45倍径460毫米口径舰炮,三联装主炮塔3座,2座三联装炮塔配置在前甲板,1座三联装炮塔配置在后甲板。当时日本的海军对主炮口径非常保密,称为九四式身长45倍口径的400毫米炮实际是460毫米。它的炮身重165吨,一座炮塔内3门火炮总重为1720吨,加上炮塔装甲(790吨)和弹药的重量,单座炮塔的旋回部的重量总重为2774吨(有些资料称大和炮塔重2510吨,系未计算

弹药时的重量),它的排水量相当于日本海军秋月级驱逐舰的排水量。

炮塔

炮塔防护盾的装甲很厚:前面650毫米,侧面250毫米,顶部270毫米,底座两侧560毫米。炮塔后部装有93式15米基线测距仪(装有电罗经,航行时可保持稳定),炮塔两侧前面及顶部前面均装有潜望镜式瞄准镜。炮塔的俯仰角是+45°,−5°,火炮装填炮弹时固定在+3°,俯仰速度每秒8°,炮塔旋回一周3分钟。发射速度1.8发/每分;炮弹基数每门炮100发,每发炮弹装药量330公斤。发弹速度每发6秒,装弹机械化。该炮由吴海军工厂舰炮部负责研制。9门主炮若指向一舷齐射,其后坐力达8000吨,发射时冲击波也很强,为此日舰船设计部门煞费苦心。

宿毛湾冲标柱间公开测试中的大和

三联装主炮齐射后发射出去的炮弹在飞行中往往会互相干扰而影响射击精度。以往解决这个问题的办法便是让中间那门火炮与边上的 2 门交替发射，而"大和舰"在主炮上装了一种火炮发射延迟装置，使中间那门炮的发射时间比边上 2 门延迟 0.003 秒—0.005 秒。

兵器解密

炮　弹

"大和"舰的 460 毫米火炮配有三种炮弹，分别为 91 式 460 毫米穿甲弹，三式对空弹和高爆弹。91 式穿甲弹弹重 1460 千克（内置炸药 33.85 千克），发射时膛压 32 千克/平方毫米，在飞行 90 秒的时候，它的炮口初速 785 米／秒，最大射程 42050 米（45°仰角）。当主炮的仰角为 40°、30°、20°、10°，它的射程分别为 41 千米、36 千米、28 千米、17 千米。

无与伦比

"大和"舰与"依阿华"级战列舰配备的 MK7 式 406 毫米口径 50 倍径舰炮相比，94 式 460 毫米舰炮在穿甲弹重量、炮口初速、射程上均处于优势地位。"大和"舰主炮无疑要比"依阿华"主炮有着更强的装甲穿透力。战后美国发表的资料也证实了这一点。单纯从数据来看，这种优势似乎并不明显，但如果考虑到双方的装甲防护水平，"大和"

兵器简史

　　"大和"号战列舰是日本帝国海军超级战列舰大和级战列舰的一号舰。日海军认为，在战斗舰艇的数量方面找不到同美海军抗衡的手段，因而决心集中力量建造巨型战列舰，以单艘战列舰的威力优势来抵消美海军在数量上的优越地位。于是在 1937 年制订第 3 次造舰补充计划时，确定首先建造 2 艘大和级战列舰，这就是"大和"号和"武藏"号。

舰在 20 千米—30 千米距离上（这是战列舰一般采用的远程炮战距离）已经可以贯穿"依阿华"级战列舰的主装甲带（也可以击穿世界上任何一艘战列舰的主装甲带），而"依阿华"级的主炮却还难以做到这一点。有认为"大和"舰的 460 毫米炮精度较差，射速也比 MK7 低，因而怀疑 94 式炮的实战效能。关于"大和"舰的主炮火炮精度并未找到过证明其精度较差的可靠证据。

⬆ 94 式舰炮使用的 91 式穿甲弹

兵器知识

> MK8 舰炮由发射系统、供弹系统等组成
> MK8 舰炮现在已经被 6 个国家使用

"维克斯"MK8 »»»

MK8 型 114 毫米舰炮，是由英国维克斯造船工程有限公司于 1966 年设计建造的，经过两年多的试验后于 1970 年投入使用。当时英国、伊朗、利比亚的海军陆续订购该型炮，以装备他们各自新型的水面舰艇，例如利比亚的"达特·萨瓦里"号护卫舰以及英国的"布里斯托尔"号驱逐舰等都装备了 MK8 型 114 毫米舰炮。

"身体"构造

MK8 型 114 毫米舰炮发射系统的炮身为单筒身管，带有炮口制退器，以减少火炮发射时的后坐力。身管中部有排烟器，用以清除射击过程中残存的气体和残渣，炮闩为立式楔形闩。供弹系统由装弹机、转弹盘、

英国 23 型"公爵"舰上装备有 1 门 MK8"维克斯"114 毫米舰炮，作为对地射击主炮，还可以对舰、对空进行射击。

兵器简史

阿拉斯加级大型巡洋舰最初设计计划可以追述到 1930 年代。它上面安装有三座三联装 9 门 12 英寸口径主炮（MK8 舰炮），比美国海军之前建造的重巡洋舰大幅度加强了防御装甲。阿拉斯加级原计划建造 6 艘，舰名以当时美国管辖的美属海外领地命名。

扬弹机、摆弹臂、输弹器和液压驱动系统组成。装弹时由弹药库内的装弹手将炮弹放入装弹机的装填入口。

改进型

MK8 舰炮是于 1970 年服役的 MK8 Mode 0 型的改进，新式的 Mode 1 型舰炮在设计方面着重于可靠性和现代化的问题，采用了较小的雷达横截面的防盾。除了仰俯部分的运动外，其采用电驱动代替了其他功能的液压控制，由此提高了安全性，减少重量约有 4 吨。通过采用计算机和故障寻找系统，减少维修保养的需求。该型舰炮将装

兵器解密

"维克斯"舰炮的射程为 32 千米，具有结构紧凑、自动化程度高、操作人员少、可靠性好的特点。英国 23 型"公爵"舰上装备有 1 门"维克斯"114 毫米舰炮，作为对地射击主炮，还可以对敌舰、对空进行射击。

备英国海军的 Yype22、Type23、Type24 以及新型的 Type25 舰艇。

使命和任务

在对海洋的主要射区内，MK8 型 114 毫米舰炮主要是用来对付敌方各级水面舰以及辅助船只。目的就是要在有效的射区内，对敌岸上软、硬目标或集群目标进行攻击。MK8 型 114 毫米舰炮的发射率并不高，只有 25 发/分，所以，它不太适合作为有效的防空武器。但是，1982 年的马尔维纳斯群岛战争，简称马岛海战，全称马尔维纳斯群岛战争或福克兰群岛战争或福克兰海战，也有部分媒体简称为福岛战争期间，英国的 MK8 型 114 毫米舰炮却发挥了相当出色的作用，

共发射了包括诱饵弹在内的 8000 余发炮弹，有效的打击了阿根廷的空中和地面的有生力量。而且对空作战表现的也不错，据英国司令部白皮书记载，由 MK8 型 114 毫米舰炮击落的阿根廷飞机数为 7 架。

⬆ MK8 型舰炮参加过很多次战争。

> 最新Block 1B型装于护卫舰"泰勒"号上
> 美国说,"密集阵"会一直处在世界前列

兵器
知识

"密集阵"MK15 »»»

不可否认的是,美国的军用系统是强大的,在每一次战争中都能看出他们在军用武器的研究上是非常积极的,武器也是相当的先进。我们知道的就有许多厉害的武器,炮舰的研究上他们也有自己的建树,比如通常我们所说的"密集阵",它是指美国海军为解决军舰近程防空问题专门设计制造的6管20毫米口径自动旋转式火炮系统。

所谓"密集阵"

美国研制的"密集阵"近防系统是美国雷西昂公司的产品,它已经生产了800多套,几乎装备了美国所有的海军舰艇并出口另外的20多个国家,它使用6管20毫米M61A1加特林炮,发射脱壳穿甲弹,射速大致在3000—4500发/分钟,而且它的射速还是可调的,可以储弹989发,射程在1500米左右。整个系统重5625千克,其中搜索跟踪雷达工作于Ku波段,并采用"闭环多点技术"。"闭环多点技术"是雷达技术的突破,它使"密集阵"既能跟踪来袭的目标也能跟踪发射的炮弹,从而更有效地杀伤来袭目标。

强大的工作能力

20世纪80年代初期,"密集阵"近防系统才开始投入使用的,主要装备大型战斗舰艇。它包括警戒雷达、跟踪雷达、火炮、电

"林肯"号(CVN 72)航母的工作人员为MK15"密集阵"的6管20毫米口径的舰炮装填弹药。

◄ 兵器简史 ►

"密集阵"近防系统是美国雷西昂公司的产品,已经生产了800多套,装备了几乎美国所有的海军舰艇并出口另外20多个国家。

兵器解密

Block 1 型是现役数量最多的近防系统,1988 年安装在"威斯康星"号战列舰上开始服役。它比基本型的有更强大的搜索和跟踪能力,据说能拦截现役的各种高亚音速、略海飞行和机动能力的反舰导弹。

子计算机和控制盘。两部雷达配合使用,可在 5000 米内确定反射面积为 0.1 平方米的目标位置,并算出其运动参数,同时还可以监视己方炮弹的飞行轨迹,自动校正射击参数。更为利害的是"密集阵"系统在五级海风的情况下还可以正常工作的,既可由本系统控制台控制,也可以遥控方式使用,不需要炮手。炮弹由弹体、弹芯和推出器组成。弹芯是其破坏部分,以贫铀物质制成,密度为钢的 2.5 倍。

🔺 "密集阵"从 1980 年首先装备在"美国"号航空母舰(CV 66)上到现在已经生产了 800 多套,装备了几乎美国所有的海军舰艇以及另外 20 多个国家的舰艇。

驰骋战场

正是因为美国海军依靠了"密集阵"系统强大的技术优势,才能在舰队防御领域一直走在世界的最前列,"密集阵"近防系统就是它的防御系统中重要的组成部分之一。"密集阵"系统是美国海军舰只

🔺 最新的 Block 1B 型于 2000 年装备在"佩里"级导弹护卫舰"泰勒"号(FFG 50)上。

的最后屏障,它能有效地打击从其他防空系统漏掉的反舰导弹。而且"密集阵"是现役的唯一的能实现自动搜索、探测、评估、跟踪、锁定和攻击威胁目标(如反舰导弹、水面水雷、小型飞行器等)的近防系统,它也可以与现有的其他作战系统和火控系统结合使用。对于美国"密集阵"这样的近防系统,国际公认的反舰导弹最好策略就是"机动或高速突防",以很高的速度逼近敌舰,使敌舰的反应时间大大地缩短从而使其拦截成功率减小,这样就能在作战的时候在最短时间内控制敌人,让敌人没有反攻的机会。

MK45 型 127mm 在海战中承担重要作用
> MK45 型由对岸打击导弹来实现远距离发射

舰炮常青树 MK45 >>>

MK45 型 127 毫米炮舰是美国海军大、中型水面舰上的标准装备,在近 40 年的服役期间,MK45 型 127 毫米舰炮经历了多次的技术改进。在最近装备的 Mode4 型在舰炮结构上作了重大改进,其综合性能有明显提高。同时,新型弹药及应用技术层出不穷,这使 MK45 舰炮如虎添翼,作战性能有了极大提高。

炮塔也要隐身

MK45 最新型号 Mode4 型在舰炮炮管的长度从原来的 54 倍加长到 62 倍,其基座环和炮耳支架由更坚固的材料制造,重新设计滑动组件中的多个部件等。为减小雷达反射截面积、炮塔进行了隐身设计,整个炮塔外形棱角分明,隐身性能有较大改善。

火炮与导弹的较量

在 20 世纪 50 年代,世界舰载武器装备以导弹为标志,呈现出新的发展趋势。 由于攻击威力大、命中精度高、作战距离远而备受青睐。相比之下,舰炮在对付空中高速目标以及距离作战方面暴露出诸多不足而遭受冷落,甚至有些水面舰在改装时拆掉舰炮,换上了导弹。在这样的背景下,美国于 1964 年在 MK42 型 127 毫米舰炮的基础上开始改进研制 127 毫米 MK45 型炮舰。

技术的更新

因 MK42 型舰炮存在笨重、自动化程度低、可靠性不高等缺点,不能满足新的作战需求。在设计 MK45 型时,重点是减轻重

MK-45 舰炮,127 毫米自动轻型火炮,主要作用是近防,火炮射程 24 千米,穿透性能好、初射速度高。

经过重大改进的 *Mk45Mode4* 型舰炮现在已经率先装备在新服役的"阿利伯克"级导弹驱逐舰上。由127mm高能火炮、增程制导炮弹（*ERGM*）和NSFS火控设备构成的 *Mk45Mode4* 型舰炮武器系统与以前相比，在反应能力、适应能力、毁伤能力等方面都有了很大提高。

兵器解密

量、提高可靠性、易于维修、减少操作人员。研制成功的MK45型舰炮重量仅有22.5吨，操作人员减少到6人，机械结构也有所简化，提高了可靠性，更便于维修。弹发射率则降低到了20发/分。

更新换代

为了获得所需的射程、弹道和毁伤效果，使MK45能自行确定、选择、装定弹种、发射药及引信。于是就在不断地改进过程中对炮座装填弹鼓中的所有类型弹药（包括常规弹药、发射药、引信、ERGM）的装卸、上炮及发射全部实现了自动化，这样改进后的炮弹能通过内部数字接口及电话与舰上其他对岸火力支援作战部门和其他系统进行通信、接收和显示从传感器和火控系统传来的目标数据。

智能炮弹

雷神公司从1996年就开始为美国海军研制增程制导炮弹。它是利用 GPS/INS 合制导，属全自主式弹药。炮弹长1.52米，重量为48千克，内装72颗M80子弹药，最大射程117千米，精度为10—20千米。

◀◀◀ 兵器简史 ▶▶▶

美国雷神公司创业以来，已成为全球在发展国防技术以及将这些国防技术运用到商业市场的领先者。近些年来，雷神公司先后兼购了E-系统公司、得克萨斯州仪器公司的国防系统部门、休斯飞机公司。通过战略性的兼购，雷神公司大大增强了其为客户服务的能力。雷神将其核心业务集中在三个领域：国防和商务电子、商用和特殊使命的飞机以及工程与建筑。在上述领域里，雷神公司均处于领先的地位。

兵器知识

> AK-176 舰炮配有完善的扬供输弹系统
> AK-176 的发射率一般为 120—130 发/分

AK-176 舰炮 >>>

中口径舰炮作为多型水面战斗舰艇的主炮,在舰载导弹广泛应用的现代战争中仍然发挥着不可替代的作用。在新原理中口径舰炮尚未投入使用之前,中口径舰炮还是对岸火力支援与打击海上低威胁目标的有效武器,而且舰炮与弹药技术的发展又赋予它新的活力,还将成为防空反导的重要武器装备。

"生命"起源

在20世纪70年代初,小型快速攻击型舰艇发展迅速,例如德国"虎"级导弹快艇、丹麦"惠勒摩斯"导弹快艇等新一代舰只相继服役。这些舰艇上均装备了意大利奥托·梅莱拉公司新研制的"奥托"76毫米紧凑型舰炮。受其影响,苏联海军也开始意识到需要提高其导弹护卫艇、轻型护卫舰等小型水面舰艇的战斗力。为此,苏联在AK-726型双联装76毫米舰炮的基础上,由下诺夫哥罗德机械制造厂负责研制了 AK-176 型单管 76 毫米舰炮。该炮于 1975 年在"牛蛇"级巡逻艇上进行了试验,1978 年开始在军队服役。

反应能力强

更换弹种能力是中口径舰炮比较重要的反应能力。当打击的目标发生改变时,需要更换弹种,为了不失战机,这个过程要越快越好。AK-176 舰炮根据炮位储弹情况的不同,长则几十秒,短则几秒钟即可完成更换弹种的功能,保证了舰炮的快速反应能力;同时,AK-176 舰炮的瞄准速度、加速度等技战术指标都确保了其极佳的反应能力。

生存力强

多种工作方式,可靠性高,易于保养维修,生存力强:AK-176 舰炮从定型生产、出厂验收到装舰后的实弹试验等,所经过的各个环节都进行了严格的相关试验,提高了可靠性。该炮机械部分的故障率为 0.2%,电气部分的平均无故障间隔时间为 300 小时,

↑ AK-176 舰炮

兵器解密

舰炮使用常规非制导动能弹药时，射距越近，弹丸实际散布域就越小，射击精度就越高，因此舰炮能够弥补导弹的近限死区，这也是舰炮不能被导弹完全替代的原因。同时，舰炮还具有效费比高、在小规模冲突中使用方便等多种特点。

这些指标都达到了世界先进水平。炮塔上有多个维护门，维修人员可方便地出入，排除一个机械故障一般只需10—12分钟，排除一个电气故障（如随动系统中的故障）一般用30分钟。

环境适应能力强

环境适应能力强，弹道性能好：AK-176舰炮能在7级海情、-40℃—+50℃的恶劣环境下正常工作。它的初速较大，射程远。使用定装式高爆榴弹，通过配备不同的引信，可对不同目标进行打击，如果使用新型弹药则具备更高更强的威力。

简单的比较

说起76毫米口径的舰炮，就不得不提意大利奥托·梅莱拉公司研制的"奥托"76毫米舰炮。"奥托"76毫米舰炮是目前世界各国海军中最成功的舰炮之一，奥托·梅莱拉公司为提高"奥托"76毫米舰炮的性能可谓不遗余力，无论是在弹药还是舰炮本身方

中口径舰炮，作为多型水面战斗舰艇的主炮，还是对岸火力支援与打击海上低威胁目标的有效武器，而且舰炮与弹药技术的发展又赋予它新的活力，还将成为防空反导的重要武器装备。

面都不断推陈出新。有报道称，2004年11月，奥托·梅莱拉公司已将首门可发射导弹的"奥托"76毫米舰炮交付美国海军。MOM型近炸引信预制破片弹、半穿甲增程弹、制导炮弹、弹道修正弹、ART非致命增程弹等等层出不穷，极大地提高了"奥托"76毫米舰炮的使用范围和打击能力。AK-176舰炮在这方面则略有不足，无论是弹药还是后续型号研制方面投入的都较少。AK-176舰炮作为一种性能优异的中口径舰炮，所具备的高射速、高储弹量、高可靠性等特点，使其在中口径舰炮中始终占据着重要地位。通过不断改进，AK-176舰炮必将在中口径舰炮的发展上谱写出新的篇章。

> "奥托"76毫米有76毫米和127毫米口径
> "奥托"76毫米是全世界最经典的炮舰

"奥托"76毫米舰炮 ≫

舰艇的诞生为海洋的行动带来了方便,使海洋上的交通工具显得更丰富多彩。同样,当我们在舰艇上装上威力巨大的火炮用来进行海上战争,也就方便了海战。要说什么样的炮舰最有名,那就是意大利"奥托"76毫米舰炮,它是使用最广泛的中口径的舰炮,装备了50多个国家和地区的多种水面舰艇。

紧凑型"奥托"76毫米舰炮

意大利紧凑型"奥托"76毫米舰炮主要由发射系统、供弹系统、瞄准及控制系统、炮架等部分组成。它的重量达到7.5吨,垂直俯仰范围−15°—+85°,水平回旋范围360°,最高射速85发/分,升级后将达100发/分,可在1发/分—85发/分之间进行选择,炮口初速914米/秒,它对海洋和陆地的最大射程达16千米,而对空中的最大射程可达到12千米,弹仓容量70发,弹丸重6千克。在使用新的近炸引信预制破片弹后,它还能用于反导。紧凑型"奥托"76毫米舰炮紧凑轻

⚓ "奥托"76毫米舰炮的发射瞬间

巧、射速高、可靠性和精度高、自动化程度高,不但具有较强的对海攻击能力,还具有一定的对地攻击、防空和反导能力。

紧凑型舰炮的优势

意大利和大多数欧洲国家一样同时装备76毫米和127毫米两种口径"奥托"76毫米舰炮,76毫米舰炮侧重于防空兼顾对海性能。上世纪70年代初,奥托·梅莱拉公司在"奥托"MMI76毫米舰炮的基础上,推出了紧凑型76毫米舰炮,全重7.5吨,射速

⚓ "奥托"76毫米舰炮

战斗武器——盘式输弹机包括输弹器和抛壳筒，它们之间通过1个滑块联动装置与反后坐装置相联。鼓形旋转机有液压传动装置予以控制，它接受摆弹臂送来的炮弹，然后将其送至进弹机，之后就被发射出去。

兵器解密

◀◀◀ 兵器简史 ▶▶▶

在20世纪80年代西方军火市场上，奥托76毫米紧凑型及快速型舰炮和法国100毫米紧凑型舰炮在中口径舰炮里很有代表性，一样代表了世界中口径舰炮的发展方向。

85发/分。它一经推出就备受西方国家海军的青睐，它适于装备护卫舰等中小舰艇，具有很好的防空能力。在当时的军火贸易出口市场上，76毫米紧凑炮赢得了很多用户，甚至世界海军第一强国美国也于1975年引进了76毫米紧凑炮并作为"佩里"级护卫舰的主炮。

几种型号的部件可以替换

"奥托"76毫米的紧凑型、快速型和超速型舰炮的结构基本相同，它们都有着巨大的威力，在战争中会起到重要的作用。其主要部件可以互换。其中炮塔与炮管是可以互换的，炮管前端装有炮口制动器，炮管上还装有炮膛清洁器和冷却水套，炮管冷却方式为敞开式，炮塔采用玻璃纤维材料，对风浪和辐射沾染有很好的抵御能力，炮塔后部设有检修舱口；还有俯仰结构也是可以互换的，包括有反后坐装置，通过2部驻退机和1部复进机相接；再一方面就是供弹、扬弹系统和旋转弹鼓也是可以互换的，位于主甲板下面，有液压电机控制。弹鼓内，炮弹呈直立摆放于四周。供弹，炮弹随着弹鼓的旋转，逐个移动到位于炮左侧的螺旋扬弹机。炮弹经扬弹机被提升到炮塔平台上，2个交替摆动的摆弹臂轮流将炮弹送入进弹机，进弹机迅速把炮弹送至输弹器内，此时的炮弹立刻就会处于待发状态。

特种火炮

形象地说,火炮就是一种放大了的枪,它靠火药的燃气压力抛射弹丸,口径等于或大于20毫米。它是炮兵装备的重要组成部分,素来有"战争之身"的美誉,诞生700年来,统治了整个地面战场,是克敌制胜的重要武器。在现代立体化战争中,火力仍然是战斗的核心。火炮以其火力强、灵活可靠、经济性和通用性好等优点,已经成为战斗行动的重要内容和左右战场形势的重要因素。

> 德国有 280/320 毫米 6 牵引式火箭炮
> 严格地说，"喀秋莎"是导轨火箭炮

万箭齐发——火箭炮 >>>

火箭可以升空，可以飞行到很远的地方，借助火箭这一长距离发射的优势，于是便有了火箭炮的问世。火箭炮是炮兵装备的火箭发射装置，发射管赋于火箭弹射向，由于通常为多发联装，又称为多管火箭炮。火箭弹靠自身的火箭发动机动力飞抵目标区。其特点是重量轻、射速大、火力猛、富有突然性，适宜对远距离大面积目标实施密集射击。

最早的火箭炮

火箭是中国一大发明，最早的多枚火箭连发装置和齐射装置也是中国发明的。公元 969 年，中国宋朝发明了世界上第一支火药火箭。975 年，火箭作为武器首次应用于宋灭南唐的战争中。后来明朝人茅元仪于 1621 年完成的《武备志》一书中记载的火箭及其发射装置有几十种之多，其中有一次可发射 32 支和 40 支火箭的"一窝蜂"和"群豹横奔箭"，有一发百矢的"百虎齐奔箭"和可连续

◖ 我国古代的"一窝蜂"火箭。

◀▶ 兵器简史

火箭炮出现于第二次世界大战之中，当今的火箭炮基本采用多联装自行式，口径大多在 200 毫米以上，配用多种战斗部，并已开始配用以计算机为主体的火控系统，射程在 20—70 公里之间，用于弥补战术地地导弹与身管火炮之间的火力空白。

两次齐射的"群鹰逐兔箭"，这些都可看做是现代火箭的原始雏形。17 世纪，欧洲国家相继制造火箭。20 世纪初，由于双基推进剂的应用，火箭获得长足发展，逐步形成了现代火箭炮。

火箭炮"喀秋莎"

世界上第一门现代火箭炮是 1933 年苏联研制成功的 BM-13 型火箭炮，后来被命名为"喀秋莎"火箭炮。这种自行式火箭炮安装在载重汽车的底盘上，装有轨式定向器，可联装 16 枚 132 毫米尾翼火箭弹，最大射程约 8500 米。该火箭炮于 1939 年正式装备苏军，1941 年 8 月在斯摩棱斯克的奥尔

兵器解密

火箭炮的主要作用是引燃火箭弹的点火具和赋予火箭弹初始飞行方向。火箭炮能多发联射和发射弹径较大的火箭弹，它的发射速度快、火力猛、突袭性好，但射弹散布大，因而多用于对目标实施面积射打击。

"喀秋莎"火箭炮

沙地区首次投入实战。在整个"二战"期间，"喀秋莎"火箭炮可谓立下了汗马功劳，成为德国法西斯眼中的"鬼炮"。在第二次世界大战末期和战后，各国都非常重视火箭炮的发展与应用。进入20世纪70年代以后，火箭炮又有了新的进步，其性能和威力日益提高，已成为现代炮兵的重要组成部分。

"喀秋莎"扬威朝鲜战场

"二战"结束后，"喀秋莎"火箭炮继续在战场上大显神威。1953年夏，中国人民志愿军在金城以南地区发起了朝鲜战争中最后一次进攻战役，这就是"金城战役"。7月13日21时，志愿军集中了1094门火炮对敌军实施猛烈攻击，其中包括5个火箭炮团，拥有近200门"喀秋莎"火箭炮。"喀秋莎"火箭炮火力猛、射速快的优越性再次显露出来。在10秒之内，约3000枚火箭弹射

向敌方，形成一片火海，取得了良好的火力突击效果。志愿军官兵在1小时内就全线突破了敌军阵地，迅速取得了此次战役的胜利，为尽快签署朝鲜停战协议赢得了时间，从而结束了近3年的朝鲜战争。

"喀秋莎"火箭炮在"二战"和朝鲜战场上的出色表现，使它受到了人们的广泛关注。20世纪50年代，苏联把火箭炮的发展推向了高潮，火箭炮的技术战术性能如发射管数、射程、威力和精度有了很大提高。德国、意大利、以色列、西班牙等国也均以"喀秋莎"火箭炮为样板，研制出了各种不同类型的火箭炮。

苏联火箭武器的研制可以追溯到沙俄时代。一战爆发后，苦于飞机装备的武器威力不足，俄国人便想在飞机上安装大威力的航空武器。喀秋莎火箭炮研制成功后，在战场上发挥了强大的作用。

兵器知识 > 火箭弹的飞行速度非常高
火箭弹的成本要比相同威力的炮弹高

火箭炮的"子弹" >>>

火箭弹是靠火箭发动机推进的非制导弹药。主要用于杀伤、压制敌方有生力量,破坏工事及武器装备等。按对目标的毁伤作用分为杀伤、爆破、破甲、碎甲、燃烧等火箭弹;按飞行稳定方式分为尾翼式火箭弹和涡轮式火箭弹。火箭弹在现代战争的应用是必然的,随着科技的发展,越来越先进的火箭弹将会被研制出来,作用在战场上。

火箭弹的组成

火箭弹通常由战斗部、火箭发动机和稳定装置3部分组成。战斗部包括引信、火箭弹壳体、炸药或其他装填物。火箭发动机包括点火系统、推进剂、燃烧室、喷管等。尾翼式火箭弹靠尾翼保持飞行稳定;涡轮式火箭弹靠从倾斜喷管喷出的燃气,使火箭弹绕弹轴高速旋转,产生陀螺效应,保持飞行稳定。火箭弹的发射装置有火箭筒、火箭炮、火箭发射架和火箭发射车等。由于火箭弹带有自推动力装置,其发射装置受力小,故可多管(轨)联装发射。单兵使用的火箭弹轻便、灵活,是有效的近程反坦克武器。

火箭弹的发展史

中国是火箭的发源地,据史料记载,公元969年(宋开宝元年)冯义升和岳义方两人发明了火箭并试验成功。公元1161年宋军就有了初期的火箭武器——"霹雳炮",并应用于军事。大约13—14世纪中国的火药及火箭技术传入了阿拉伯国家,以后又传入

载有霹雳炮的南宋船只,靖康元年(1126年)李纲用霹雳炮击退金兵。

欧洲。19世纪初,英国人W·康格里夫研制了射程为2.5千米的火箭弹。20世纪20—40年代,德国、美国、苏联等国都研制并发展了各自的火箭武器,其中,苏联制造的6M-13式火箭炮可连装16发132毫米口径的尾翼式火箭弹,最大射程达8.5千米。美国沃特公司研制生产的M270式多管火箭炮系统,于1983年正式装备美国陆军。M270式多管火箭弹系统是一种全天候、间瞄、面

与火炮弹丸不同,火箭弹是通过发射装置借助于火箭发动机产生的反作用力而运动,火箭发射装置只赋予火箭弹一定的射角、射向和提供火力点机构,创造火箭发动机开始工作的条件,但对火箭弹不提供任何飞行动力。

M270 式多管火箭炮

积射击武器,能对敌纵深的集群目标和面积目标实施突然地密集火力袭击,具有很高的火力密度,其战斗部采用双用途子弹子母弹战斗部。

20 世纪 50 年代,火箭弹的最大射程约为 10 千米。60—70 年代,大多数火箭弹的最大射程为 20 千米。80 年代研制的火箭弹

◀◀◀ 兵器简史 ▶▶▶

1963 年,130 毫米火箭弹由 19 管的 130 毫米火箭炮发射,在 9.5—11.5 秒内发射出 19 发。由于该弹没有尾翼装置,所以采用管式定向器来发射。130 毫米火箭通常装备于炮兵师,主要用来歼灭或压制敌人暴露或隐蔽的有生力量及火力点,破坏敌轻型工事,压制敌人炮兵连、迫击炮连等。

的射程已超过 30—40 千米。90 年代以后,美国等在 MLRS 系统上研制开发的 227 毫米火箭弹射程达到 70 千米,俄罗斯研制的 300 毫米火箭弹射程也将达到 70 千米,20 世纪末许多国家开始了 100 千米以上的超远火箭弹的研制。

火箭弹的发射

> BM-30是世界上综合水平最强的火箭炮
> 9K58-2最常用的火箭弹是9M55K子
> 母弹

"龙卷风"BM-30 》》》

"龙卷风"是继"喀秋莎"、"冰雹"后,苏联研制的第3代火箭炮系统。"喀秋莎"在初次出征时就显示了其巨大的威力,而"冰雹"也曾一度处在世界领先的地位,M270系统在1991年的海湾战争中显示了威力,冲击了市场。俄罗斯不甘落后,尤其是在发明多管火箭炮方面。终于,俄推出了BM-30式"龙卷风"新型齐射火箭系统。

身世来源

1941年,卫国战争爆发后,苏德双方在俄罗斯广袤的大地上展开了生死厮杀,战争的需求自然带来装备技术进步的需要,当时苏联红军的无线电设备数量不足,性能也不佳,无法配备到基层单位。而广泛装备无线电的美军的炮火引导则可以为最一线的步兵在广泛的战场空间内提供灵活、机动的实时支援。卫国战争战后,苏军炮兵对战争中炮兵的运用进行了总结,同时也对德军和盟军的炮兵战术和技术详细分析。20世纪70年代末,随着苏军作战指导思想由大规模核突击条件下进攻转为常规

↑ 为了降低发射车的高度,"龙卷风"火箭炮的12根发射管分上、中、下三排,一次可同时发射12枚口径为300毫米的导弹。

龙卷风系统采用了多种无控和末制导火箭弹。共同特点是采用了初始段简易惯性制导,还采用姿态控制、弹体旋转稳定和自动修正技术、火箭弹的散布精度技术。通过弹上的自动修正系统、陀螺定向仪和燃气控制系统三者配合使射击精度大为提高。

兵器解密

兵器简史

龙卷风火箭炮的设计型号为9A52,整个系统的设计局型号为9K58,由位于俄罗斯图拉市的合金精密仪表设计局研制,该设计局也是BM-21、BM-28火箭炮系统的研制者。9K58系统于1983年设计定型,1987年入役,最初为14管,1990年2月在吉隆坡举办的亚洲防务展览会上首次公开展出时变为现在的12管样式。

突击,以精度为主的新一代大口径火箭炮系统也开始研制、服役,首先是BM-28飓风220毫米16管火箭炮。

无论是射程、射弹杀伤力还是射击精度,M270A1式都难与"旋风"相比。

使用情况

1990年,根据欧洲常规部队条约,苏联在中欧地区大约部署了351门,在苏联西部国境至乌拉尔地区部署了51门。从这一分布也可看出龙卷风在苏军中作为主要突击力量的地位。苏联解体后,部署在国外的龙卷风系统都撤回国内,主要配属于莫斯科军区,作为卫戍首都的精锐力量和应急部队。龙卷风系统除在俄罗斯军队使用外,白俄罗斯、乌克兰也有装备。1995年12月,龙卷风在科威特成功地进行了实弹射击表演,有力地回应了美国M270火箭炮的挑战,并最终获得科威特27套系统的订单,合金公司顺势也向阿联酋销售了6套系统。2002年,印度炮兵进行现代化采购时,也对射程达到9万米的龙卷风——M系统产生了兴趣。2003年7月印俄商定以450万美元价格出售36套龙卷风系统。

"龙卷风"系统最远可以打击90千米外的目标。

兵器知识

> M270 发射导弹系统最远射程达 300 千米
> 火箭弹是靠自身发动机的燃烧提供动力飞行

"钢雨" M270 »»

"钢雨" M270 为多管火箭炮，是美国陆军现役最先进的多管自行火箭炮，它是由美国陆军牵头，美、英、法、德、意多国参与研制的一种压制武器，主要用以填补身管火炮和战术导弹之间的火力空白，1981 年研制成功，1983 年正式交付给美军，现在已作为制式武器装备北约部队。

应运而生

由于多管自行式火箭炮强大的地面杀伤威力，各国对自行式火箭炮的发展相当重视；但是，20 世纪 70 年代以前，各国装备的自行式火箭炮以轮式卡车搭载的为主，履带式的比较少见。究其原因，主要是由于自行式火箭炮一般配置在纵深的后方作为"全职支援武器"，对装甲化的要求不高。20 世纪 70 年代末期以后，以美国为首的北约国家认识到，在常规战争中，自行式火箭炮有着不可替代的作用，因此才有了新型 M270 自行式火箭炮的诞生。

陆军压制打击力量的中坚

"钢雨" M270 的改进型中最重要的是

🔊 M270 多管火箭炮，口径 227 毫米，采用模块化发射装置，配双用途子母弹、反坦克布雷弹、火箭弹等多种弹药。一次 12 管齐射只需 45 秒，重新装弹仅需 3—5 分钟。

我们所了解到的自行式火箭炮的缺点是防护能力差，而且它们在发射的时候容易将自己暴露出来。所以，自行式火箭炮只有在战场上取得控制权、制电子权之后，才能发挥它的强大威力。

兵器解密

"钢雨"M270

M270-6型，它既可以发射火箭弹，又能发射陆军战术导弹系统，威力大增。陆军战术导弹系统是一种近程地对地导弹，直径610毫米，发射重量1672千克，射程最远达300千米。和M270原来的弹药相比，它简直成了"巨无霸"级的弹药了。1991年的海湾战争中，M270共发射了35发陆军战术导弹系统，初露锋芒。

杀伤力大

"钢雨"M270火箭炮装备的双用途子母弹内含有644个M77式子弹，子弹重230克，能穿透100毫米的装甲，杀伤人员半径

为3米。1门火箭炮1次齐射可抛出7728枚子弹，覆盖面积达24万平方米。反坦克布雷弹内装有28枚德国生产的AT-2式反坦克雷，雷重257.5千克，能破坏坦克履带或穿透140毫米的装甲。1门炮1次能发射336枚反坦克雷。此外，该火箭炮也可以发射最大射程达110—150千米的陆军战术导弹。

"天女散花"

要知道，火箭炮的名堂几乎全在"弹"上。有了好的炮弹，就不会担心这个炮弹的威力受到影响，只会增大炮弹的威力。1辆M270发射M26弹时，1次齐射可以打出7726枚子弹，像"天女散花"一样散布到6个足球场的面积上，顿时一片火海。据美国海湾战争的战后报告称，1个M270自行式火箭炮排（3辆M270）1次齐射的威力，相当于12个M109自行式榴弹炮管（共288门炮）的威力，可见一斑。

兵器简史

到20世纪90年代，美国装备的M270火箭炮超过了800辆。此外，还有北约以及日本、以色列等十多个国家装备了M270火箭炮，生产数量超过了1000辆。

兵器知识

> "巴祖卡"火箭等口径火箭筒的鼻祖
> "巴祖卡"系列使用时需要两人同时操作

"巴祖卡"火箭筒 >>>

火箭筒是一种发射火箭弹的便携式反坦克武器,主要用于近距离打击坦克、装甲车辆和摧毁工事等目标。它是可以由单兵携带和发射的,是各国陆军普遍装备的反装甲武器之一。在 1973 年第四次中东战争中,埃及军队使用火箭筒与其他反坦克武器相配合,曾经给以色列的装甲部队带来了沉重的打击,取得了颇为可观的战果。

火箭筒的来源

早在"一战"期间,火箭在现代战争中的应用已经引起了交战各方的注意。新兴

🔊 戈达德(1882 年－1945 年),美国最早的火箭发动机发明家,被公认为现代火箭技术之父。

的美国不甘落于在这方面已经取得进展的德、俄两国,在 1918 年夏开始启动一个关于研究单兵火箭筒的项目,其主持者是美国火箭技术的创始人之一——R.H.戈达德博士。戈达德博士先后设计了多种方案,最后他认为步兵用火箭筒最合适的口径为 51 毫米。其设计出的火箭筒发射管全长 1.68 米,质量 3.4 千克,使用时射手须将管身前部架在自己的肩膀上,以便随时调整射击方向,发射管后部则靠一个轻型两脚架支撑。配套的火箭弹长 510 毫米,质量 3.63 千克,其中战斗部质量 1.81 千克。当年 11 月初,该火箭筒在阿伯丁试验场进行了多次试验,最大的射程曾达到 685.8 米,但这样一种似乎大有前途的武器因为"一战"结束而被打入冷宫,戈达德博士的研究工作半途而废。

"巴祖卡"的诞生

之后研究火箭筒的步伐并没有因此而停滞不前。1942 年春,在美国阿拉伯丁靶场上,美国陆军上校斯克纳和与厄尔中尉用他们设计的反坦克火箭筒进行试验。负

火箭筒一般由筒身、击发机、把握、肩托和瞄准器组成，发射筒上装有瞄准器和击发结构。射击时，火箭弹飞行，火箭弹后部多半装有稳定尾翼，弹头多为穿甲弹或破甲弹和其他特种弹。火箭筒的有效射程一般为100—400米。主要用于在近距离上打击坦克和装甲车。

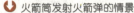

> 早在1859年，中国明朝人赵士祯就曾发明过一种叫"火箭筒"的火箭发射装置，它可赋予火箭一定的射向和射角，堪称是现代军用火箭发射装置的"祖先"。

责美国地面武器发展工作的巴尼斯少将见到火箭弹弹无虚发，欣喜若狂，当时就拍板投产这种新式武器。这种新式武器就是美国M1式60毫米火箭筒。

M1发到部队后，士兵觉得它像美国喜剧演员 B·波恩斯表演时用的喇叭形乐器——巴组管号，于是就把火箭叫做了"巴祖卡"。1942年11月，首批得到这种武器的部队几乎没有经过训练就带着它们投入了战斗。一直到今天，在美国和西欧，仍然把火箭筒称之为"巴祖卡"。

⬆ M1 巴祖卡火箭筒

神奇的"巴祖卡"

在第二次世界大战和战后相当长的一段时间内，"巴祖卡"系列火箭筒都是美国陆军所拥有的反坦克武器中的佼佼者，甚至有人断言，"巴祖卡"的发明是美国在"二战"期间对反坦克武器发展作出的最大贡献。它的出现让美军步兵在德国坦克的攻击面前重新树立起自信，并使得"坦克是反坦克的最有效武器"这一著名论断发生了动摇。

⬇ 火箭筒发射火箭弹的情景

> "旋风"火箭炮,也称 BM-30 火箭炮
> BM-30 和"喀秋莎"都产自苏联

"旋风"多管火箭炮 >>>

随着科学技术发展和战争的需要,火箭炮一直是处在不断更新换代之中。长期以来苏联对火箭炮的发展一直给予了高度重视,从 20 世纪 60 年代的 BM-21 型 40 管 122 毫米火箭炮,到了 70 年代的 BM-27 型 16 管 220 毫米火箭炮,在火箭炮的每一个发展时期,苏联总会占有一个显赫的地位。

"旋风"火箭炮

"旋风"300 毫米 12 管火箭炮是苏联图拉机械局所辖的斯普拉夫国家研究与生产联合体,在 300 毫米 14 管火箭炮的基础上改进而成的一种大型地面压制系统。1990 年 2 月在吉隆坡亚洲防务展中首次公开出现。根据这种火箭炮装备部队的时间,西方将它命名为 M 1981 式 300 毫米多管火箭炮。"旋风"火箭炮系统由载车、发射装置、运输装填车、射击指挥车等组成,是目前世界上射程最远、威力最大、精度最高、性能最先进的火箭炮系统之一。

↑ "旋风"多管火箭炮

兵器简史

目前俄罗斯又研制出专门对付装甲目标的红外制导子母弹,弹内有 5 枚重约 15 千克,装有双光谱红外探测器的新型智能子弹,可以根据坦克的红外特征,自动捕捉目标,并从装甲最薄弱的顶部实施攻击。

装置系统

"旋风"火箭炮发射装置由 12 根 8 米长的定向管分三组配置,左右各一组 4 个发射管,上方另有一组 4 个发射管。发射状态时火炮全重 43.7 吨,操作室在发射车上,室内配有 2 个射击稳定器,以使火箭炮在射击时保持相对的射击稳定。该发射装置的方向射界为左、右各 30°,发射装置中还有一种飞行航路校正系统,据称是一种惯性导航系统,利用它可以在发射前为装填在发射管内的火箭弹自动编制程序。另外,在火箭炮的定向管内刻有两条螺旋导槽,再加上火箭弹采用了初始段简易惯性制地和自动修正技术,较好地解决了火箭炮射弹散布大、命中

　　"旋风"火箭炮还可根据不同的战术需要,配用燃烧式子母弹战斗部、反步兵子母弹战斗部、爆破式战斗部或燃料空气炸药战斗部。这样的配备无疑都是为了提高火箭炮的能力,使其在战争中达到最大的利用度。

精度差的缺点。

子弹系统

　　"旋风"火箭炮配用的主要弹种是9 M 55 K型300毫米杀伤子母弹。弹径300毫米,弹长7.6米,弹重800千克,弹头内装72枚直径为75毫米的预制皮片杀伤子弹,总重300千克。这种子弹药在目标上空抛散后,能有效地对付软目标和半硬目标。火箭炮的最小射程20千米,最大射程可达70千米,是当今世界上打得最远的火箭炮。根据目标的距离不同,"旋风"火箭炮一次齐射,在38秒钟之内可抛射864枚子弹药,对地面暴露人员的杀伤覆盖面积为40万平方米,对轻型装甲目标的覆盖面积为10万平方米,可以有效地攻击纵深内的重要目标。它的反应速度极快,占领阵地后,仅需3分钟即可做好各项射击准备。

发射装置

　　"旋风"火箭炮发射架安装在轮式"玛斯"543型8轮驱动重型越野车上,车长12米,车宽3.05米,车高3.05米。采用386千瓦的12缸4冲程柴油发动机,具有良好的越野性能,最高时速达60千米/小时;公路最大行程可达850千米;能爬30°陡坡,能跨越2.5米宽的堑壕,能涉1.1米深的水域。每辆车上有4名乘员,车上配有先进的三防装置,能在核生化条件下作战。

配备系统

　　"旋风"火箭炮系统配有射击指挥车,车上装有火控计算机系统、数据传输、通信系统、定向定位系统,具有较高的自动化程度。而且该车还牵引一辆单轴发电机拖车,以便给整个火箭炮系统供电,以便在战争中不会因为这些问题导致火炮瘫痪无法作战。

多管火箭炮

> 苏联1943年就生产了23200反坦克炮
> "二战"后只有苏、德等国仍继续发展反
> 坦克炮

反坦克炮 >>>

在战场上,有了不断研制的坦克,要想取得战争的胜利,必然就要有一种武器可以对付坦克,这时反坦克炮就应运而生了。反坦克炮是主要用于打击坦克和其他装甲目标的火炮,旧名"战防炮"、"防坦克炮"。它的炮身长、初速大、直射距离远、发射速度快、穿甲效力强,大多属加农炮或无坐力炮类型。

应运而生

第一次世界大战时,坦克车装甲的厚度仅为6—25毫米,用步兵炮或野炮射击可毁伤坦克。但是在战后,随着坦克的发展,坦克的性能和装甲的厚度都有所提高,所以专用反坦克炮就应运而生。20世纪20年代,瑞士制成高平两用的20毫米自动炮,用于反坦克;1934年,法国装备了37毫米反坦克炮,发射穿甲弹;第二次世界大战时,中型坦克装甲厚度为40—100毫米,重型坦克则为152毫米,而各参战国也装备了口径50—

兵器简史

20世纪70年代以后,战场上各类快速机动的装甲目标增加,先后出现复合装甲、屏蔽装甲及反应装甲等新技术,一批新型反坦克炮随之面世。

100毫米的反坦克炮。后来自行反坦克炮的出现,明显地提高了火炮的机动性能和作战效能。战后一段时间,反坦克炮在一些国家曾停止发展。

"乐天号"反坦克机

1916年,第一批坦克投入战场之后,在各国军队中引起极大的震动,它们纷纷研究自己的坦克和各种反坦克武器。在此后不久,法国就制造出了世界上第一种反坦克炮,起名为"乐天号"。"乐天号"反坦克炮可视为加农炮的同族兄弟,它的特点是炮管较长,炮膛压力较大,因而其实心的穿甲弹出炮口之后动量很大,具有足够穿透坦克装甲的能力。

德国在二次世界大战初期使用的Pak36—37毫米反坦克炮

反坦克炮的构造与一般火炮基本相同。为了提高射速和射击精度，便于对运动目标射击，一般采用半自动炮闩和测距与瞄准合一的瞄准装置，有的自行反坦克炮还装有自动装填机构和火控系统。

"迫击炮"的出现

苏联在第二次世界大战中为粉碎纳粹德国的集群坦克曾装备使用了上万门反坦克炮。同时，由于在战争中后期苏联的新式坦克在火力、防护能力等方面超过了德国坦克，而德国一时难以研制和生产出在性能与数量上与苏军相抗衡的坦克，于是将一些大口径反坦克炮安装在坦克底盘上，变牵引式反坦克炮为自行反坦克炮，并加以较厚的防护装甲，它当时被称为"强击炮"，可以打击坦克等装甲目标，也可以像坦克一样以直射火力打击步兵、掩蔽部等地面目标。

东山再起

进入20世纪60年代以后，由于反坦克导弹的走俏，反坦克炮的发展势头日趋缓和，在西方基本上处于停滞状态，原有装备

⬆ 现代的迫击炮

逐渐被淘汰。70年代中期以来，由于安装在轮式装甲车辆底盘上的自行反坦克炮的成本只有坦克的1/3左右，其机动性又远胜过其他反坦克兵器，所以它又有东山再起之势。自行反坦克炮外形与坦克很相似，但不像坦克那样注重对步兵进行火力支持的能力，而强调反坦克能力，因而在某些国家里它又被称作"歼击坦克"。它与第二次世界大战期间的强击炮又有区别："歼击坦克"火炮口径与坦克相近，装甲厚度和总重量一般比坦克大，炮塔多为固定式，比较笨重。

⬆ 新式反坦克炮大多采用尾翼稳定式脱壳穿甲弹，弹体中央有1根用钨合金或贫铀制成的细长弹芯，后部有4—10个尾翼，飞出炮口后依靠尾翼保持稳定，命中目标时用极高的速度撞击并穿透坦克的装甲。

> Marder 从 1942 年到 1943 年生产了 204 辆
> "象"式坦克歼击车首次使用是在库尔
> 斯克战役

坦克歼击车 >>>

坦克歼击车是装有反坦克加农炮或反坦克导弹的装甲战斗车辆。装有反坦克加农炮的轮式坦克歼击车,亦称轮式反坦克自行火炮,是近几年出现的一种新型坦克歼击车。它的研制主要就是针对在战争中无坚不摧的坦克车,在战争中进行反坦克,摧毁坦克军的火力,使坦克因为有了不可低估的"克星",不能再称雄于战场。

德军"象"式坦克歼击车

1941 年 5 月 26 日,德国军方决定研制新型重型坦克,研制的代号为 VK4501,由波尔舍和亨舍尔公司竞争,后来亨舍尔公司的样车 VK4501(H)被军方选中,定型后便是"虎"式重型坦克。而波尔舍公司的 VK4501(P)样车已经生产了 90 辆,公司的总设计师波尔舍博士向希特勒建议将这些底盘改装成重型突击炮,即坦克歼击车。1942 年 9 月 26 日,希特勒批准了这一建议。随后,波尔舍公司利用 VK4501(P)的底盘生产出 90 辆重型突击炮,最后命名为"斐迪南"坦克歼击车,后来又改称为"象"式坦克歼击车。它

"猎虎"坦克歼击车

◀兵器简史▶

尽管如此,坦克歼击车的发展还是可以找到两个阶段,第一个阶段 Marder—犀牛—象,第二个阶段是追猎者—猎豹—猎虎。以 1943 年为分水岭。在第一个阶段当中,突出的特点就是战斗室巨大并靠后,以支持重而长的主炮。到了"象"式被发展到了顶峰,Marder 和"犀牛"装甲薄弱,完全难以抵挡大多数坦克的正面一击。

在库尔斯克战役、苏德战场上其他的战役以及在意大利的战斗中都起了巨大的作用。虽然"象"式坦克歼击车火力强大,防护性能超群,但是机动性却较差,而设计思想上的大胆创新,包括成功和不成功的,都使"象"式坦克歼击车确立了它在世界战车史上应有的地位。

德军"猎虎"重型坦克歼击车

德国于 1943 年 2 月开始研制"猎虎"坦克歼击车,同年 10 月 20 日便造出木制模型给希特勒审查。"猎虎"坦克歼击车设计的

兵器解密

"猎虎"的火炮被固定在重装甲防护的车体上部中央,其上部舱室侧面是由单片斜角装甲连接在车体侧面的。火炮可以左右各转动 10°,俯仰角为 -7—+15°。使用的穿甲弹威力相当大,在 1000 米的射击距离上,命中法线角为 30°时,可击穿 167 毫米厚的钢装甲。

🔶 1943 年 10 月制造的一辆木质的猎虎模型

目的是远距离支援步兵和装甲战斗车辆。1944 年 2 月一共制造了两种原型车,一个是波尔舍悬挂装置,另一种是亨舍尔悬挂装置。其原计划于 1943 年 12 月开始生产,不过最后改成在 1944 年 7 月开始,又由于需要优先生产"黑豹"坦克而推迟。到了 1945 年 1 月决定优先生产"猎虎"坦克歼击车的时候,德国形势已经不可能进行大规模生产了。其火炮是"二战"中威力最强大的反坦克炮,它可以轻易地在盟军绝大多数火炮的范围以外击毁盟军的坦克。

战争中的应用

"猎虎"坦克歼击车在战争中装备了两支部队,一支是第 653 重型坦克歼击营,另一支是第 512 重型坦克歼击营。在 1945 年的夏天,美军对缴获的"猎虎"坦克歼击车进行了测试,发现它能在 2100 米的距离上能击穿美军 M26"潘兴"坦克的前部装甲板。"猎虎"坦克歼击车由于生产数量很少,东线战场仅在德军向本土退却的战斗中发挥了作用,在西线,阻滞盟军坦克进攻中也有一定作用。

🔶 幸存下来的"猎虎"

> "逊陶罗"的火控用了数字式弹道计算机
> "逊陶罗"采用液气独立悬挂装置

"逊陶罗"坦克歼击车 》》》

战争中,我们知道有坦克,那么必然就要有对付坦克的武器,那就是坦克歼击车或坦克歼击炮。意大利菲亚特 B1"逊陶罗"坦克歼击车是意大利陆军 20 世纪 90 年代战车装备计划中的车型之一,是由伊维科·菲亚特公司的防务车辆分部根据意大利陆军 1984 年年初提出的要求由意大利自行研制和生产的。

结构特点

"逊陶罗"坦克歼击车的车体炮塔是装甲钢焊接结构的,它可以防御 12.7 毫米枪弹的攻击,前弧可防 20 毫米穿甲弹的射击。它的驾驶员位于车体内前部的左侧,右边的安置有隔板隔闻的动力装置,好的是它的驾驶座的高度可以上下进行调节。它有 1 个单扇左开的舱盖,其上带有 3 个前视潜望镜,中间 1 个在夜间行驶时可由 MES VG/DIL 被动式潜望镜取代。

炮 塔

"逊陶罗"坦克歼机车的炮塔是由奥托·梅莱拉公司进行组装和试验的,安装在车体顶部靠后部位。车长位于炮塔内左侧,炮长位于右侧,装填手在炮长后面。车长有 4 个潜望镜用于向前及两侧观察,

⬆ 意大利菲亚特 B1"逊陶罗"坦克歼击车是意大利陆军 20 世纪 90 年代战车装备计划中的车型之一。

"逊陶罗"坦克歼击车的车上装有三防装置。空调装置可使乘员在 -30°—+44° 的环境温度下正常操作。制式设备包括前置绞盘、动力舱内的探火灭火装置以及乘员舱内的探火抑爆装置。该车可涉水，但不具备水陆两用能力。

兵器解密

有 1 单扇后开舱盖，舱盖之上前部有 1 个昼用稳定式周视观察镜。炮长和装填手共用 1 个舱盖进出炮塔。炮塔顶部右侧安装有 5 个潜望镜供炮长和装填手进行观察。

发射性能

"逊陶罗"坦克歼击车的轮胎具有泄气性能，带有中央轮胎充放气系统。当其中 4 轮遭破坏后其余 4 轮仍能保证车辆正常运行。而且车上还装有奥托·梅莱拉公司 52 倍口径的 105 毫米火炮，可以发射包括尾翼稳定脱壳穿甲弹在内的各种北约制式坦克炮弹药。火炮采用立楔式炮闩，当空弹壳退出后，炮闩始终打开，带有多室炮口制退器，带抽气装置和热护套，并有炮口校正装置。该炮采用自紧工艺制造，最大后坐距离 750 毫米。车上共载 40 发炮弹，14 发在炮塔内，其余都在车体内。

主炮

"逊陶罗"坦克歼击车主要采用的是伽利略公司的 TURMS 火控系统，包括车长和炮长用的瞄准具、SEPA 数字式弹道计算机、各种传感器、炮口校正装置及车长、炮长和装填手的显示面板。然而它的瞄准镜，就有 2.5X 和 10X 两个倍率。

车上共载 40 发炮弹，14 发在炮塔内，其余在车体内。主炮左侧有 1 挺 7.62 毫米的 M42/59 式并列机枪，炮塔顶上有 1 挺高射机枪，炮塔两侧各有 4 个电动烟幕弹发射器。

▶ 兵器简史

"逊陶罗"坦克歼击车的第一辆样车于 1987 年 1 月完成，第二辆于 1987 年中完成，至 1987 年 12 月共完成 4 辆样车并投入试验。1988 年又完成了另外 5 辆样车，其中包括 1 辆防护性能试验车。菲亚特公司首批试生产将生产 10 辆，于 1990 年 1 月交付给意大利陆军一部分，其余次年交付。正式生产于 1991 年开始，生产规模达到每月 10 辆。意大利陆军共需要 450 辆。

高射炮的发明 >>>

高射炮主要用于打飞机、直升机和飞行器等，它产生于第一次世界大战期间，在战争史上掀开了防空作战的新篇章。近年来，各国已研制并开始列装的高射炮与防空导弹结合于一体的防空系统堪称现代防空兵器的重要发展趋势。现代战争证明，高射炮是现代防空武器系统的重要组成部分，在以后的战争中将起到很重要的作用。

产生的萌芽

19世纪下半期，西欧战争此起彼伏。1870年普法战争爆发，9月，普鲁士派重兵包围了法国首都巴黎，法国政府为了突破重围，决定派人乘气球飞出城区，同城外联系。10月初，内政部长甘必达乘坐载人气球飞越普军防线，在都尔市进行宣传和鼓动，很快组织了新的作战部队，并通过气球不断与巴黎政府保持联系。普军发现这一情况后，立即研究对策，决定首先击毁这些载人气球。普军总参谋长毛奇下令，研制专打气球的火炮，以切断巴黎与都尔之间

的联系。不久，这种打气球的炮就制造出来了。它是由加农炮改装的，被装在可以移动的四轮车上。为了追踪射击飘行的气球，由几个普军士兵操作火炮，改变炮位和射击方向，打下了不少气球，并由此得名"气球炮"，它就是高射炮的雏形。

高射炮的问世

1906年，德国爱哈尔特军火公司（莱茵军火公司的前身）根据飞机和飞艇的特点，改进了原来的气球炮装置，制成专门用来射击飞机和飞艇的火炮。这标志着世界上第一门高射炮正式问世。设计师将火炮装在汽车上，并采用了与现代舰炮相似的防护装甲。这门火炮口径为50毫米，炮管长约1.5米，发射榴弹的初速可达到每秒572米，最大射高为4200米。

研制的热潮

1908年，德国制成一门性能更优越的高射炮。这门炮的口径为65毫米，炮管长约2.3米，为口径的35倍。发射榴弹时初速提

高射炮是从地面对空中目标射击的火炮。它炮身长、初速大、射界大、射速快、射击精度高，多数配有火控系统，能够自动跟踪和瞄准目标。高射炮也可用于对地面或水上目标射击。就是因为它的射击精度高，地面或者水面上的物体都可以很准确地打到。

↑ 6管式结构的"火神"高射炮

兵器简史

在早期制成的高射炮中，性能最好的是德国1914年制造的77毫米高射炮，其突出特点是在四轮炮架上装有简单炮盘。这种炮盘在行军时可以折叠起来，用马或车辆牵引；作战时，打开炮盘，支起炮身即可对空射击。炮盘的使用既便于火炮转移阵地，又缩短了由行军转到作战状态的时间。由于它采用控制手轮调整身管进行瞄准，而且首次采用炮盘，因而射击命中率较高。

高到每秒 620 米，最大射程可达 5200 米，而且高低射界和方向射界也都相应扩大了。这门炮已开始使用门式炮架并利用控制手轮调整高低射界。采用这些改进措施后，火炮的机动性能有了较大的提高。1914 年德国又制成了 77 毫米高射炮。1915 年，俄国研制成 76 毫米高射炮，它是一种防空加农炮，也可用来射击地面或水面上的目标。

早期最好的高射炮

在早期研制成的高射炮中，性能最好的是德国 1914 年制造的 77 毫米高射炮，其突出特点是在轮炮架上装有打开炮盘，支起炮身即可对空射击。炮盘的使用既便于火炮转移阵地，又缩短了由行军转到作战状态的时间。第一次世界大战爆发初期，法国在两架双翼飞机上装上了炮弹，用它代替炸弹轰炸德国军队的飞机库。接着，英国的飞机于 1914 年 11 月又轰炸了德国飞艇库，德国损失惨重。

兵器知识 > 炮弹是高炮在战场上的生命
炮射制导炮弹是常规火炮发射的炮弹

高射炮的发展 >>>

现代社会军事技术革命的飞速发展，必然导致人类对战争的工具
——武器装备不断地改进革新。近代的战争，如海湾战争、科索沃
战争、伊拉克战争等世界上近几场现代高技术局部战争证明，在现代信
息化高技术战争中，高射炮仍具有独特的抗低空、抗饱和、抗干扰和反
导作战能力，是现代地面防空武器系统的重要组成部分。

发展成果

在进入21世纪以后，世界各国军队的武器装备都在发生革命性的变化，已经朝着科技化电子化的方向发展，尤其是随着空中打击战略地位的上升，空中作战的武器能力有限，但是作为反空袭战不可或缺的地面防空武器装备发展越来越令人关注。目前，世界上一些军事强国已将微电子、新能源、新材料、航天以及随之而发展的计算机、通信、光纤、激光、红外等高新技术成果，成功运用于高炮、炮弹、火控系统等高射炮系统的改进上，使其总体作战效能提高了几倍甚至几十倍。

二战中的发展

从20世纪30年代开始，日本、德国为了对外扩张侵略，加紧扩军备战，进而加速

🔊 高射炮主要用于打飞机、直升机和飞行器等空中目标。它产生于第一次世界大战期间，在战争史上掀开了防空作战的新篇章。

目前，大口径的高射炮虽逐步被伐对空导弹取代，但各国仍装备和研制相当数量40毫米以下的高射炮系统，并广泛采用多管联系，配备雷达或光电火控系统，和火炮、火控同装在一辆车上的三位一体式自行高射炮。

兵器解密

➡ 高射炮虽逐步被对空导弹取代，但各国仍装备和研制相当数量40毫米以下的高射炮系统，并广泛采用多管联系，配备雷达或光电火控系统。

了飞机制造业和军火工业的发展。到第二次世界大战结束前这一时期，飞机无论是结构还是性能都发生了质的变化。原来采用的木、布等软质结构材料已被高强度的合金材料所代替；飞行速度比原来提高了一倍，达到每小时 500 千米左右；飞机的飞行高度普遍达到 8—10 千米。与此同时，高射炮也毫不示弱，其作战性能得到了很大提高。

新一轮的发展

到了 20 世纪 50 年代初期，由于防空导弹投入战场，高射炮曾一度受到冷落。然而实战表明，防空导弹并不是万能的，它不能完全代替高射炮。从 60 年代中期开始，小口径高射炮又重新受到"青睐"。它反应快、命中率高、多管集中发射，可以迅速击毁低空进犯的敌机。目前各国正在研究提高高射炮对空作战效能的各种新方法，高射炮正向着小口径化、自行化、炮弹制导化的方向发展。导弹和高射炮合一的防空武器系统在未来的战争中将发挥巨大威力。

永不会落幕

高射炮系统和其他兵器一样，只要战争存在一天，它就会在互相竞争、优胜劣汰的战场上一直发展下去，不会停留在某一水平上，只会随着高新技术成果的开发与利用，在原有的基础上不断地改进与革新，并继续在反空袭作战的战场上发挥着重要作用。

◀ 兵器简史 ▶

从地面对空中目标射击的火炮，简称高炮，它产生于第一次世界大战期间。1906 年，德国人首先制造了第一门高射炮，在战争史上掀开了防空作战的新篇章。高炮是高射炮系统的重要组成部分，它炮身长，初速大、射速快、射击精度高。

> 88毫米高炮的垂直最大射程130350米
> 反坦克炮是一种被动式的防御武器

德国 88 毫米高射炮 》》》

对于战争来说，威力巨大的火力武器的使用是必不可少的，谁拥有的武器威力强大，谁就能在战争中占主导地位，取得战争的主动权，最后获得胜利。我们要论在第二次世界大战中使用得最成功的火炮系统，非德军装备的88毫米高炮莫属。虽然它是一型非常成功的中口径高炮，但最为人津津乐道的却是它无与伦比的反坦克能力。

身世起源

88毫米高炮是由世界著名的火炮制造商克虏伯公司在20世纪20年代末开始设计，当时，作为第一次世界大战的战败国，德国还被严格限制发展军备，故该型火炮是在瑞士的克虏伯子公司完成设计和测试的。克虏伯公司的设计人员预见到作为高炮的主要作战对象——轰炸机将会向飞得更高、更快的趋势发展，因此他们选择了88毫米

这在当时尚属罕有的大口径，并使其赋予弹丸较高的炮口初速，这个特点为它日后成为有效的反坦克武器奠定了基础。他们还设计了一个相当精致的自动供弹装置，使该型高炮具有很高的射速。

坦克的克星

在1940年的法国战场，当时交战双方的标准反坦克炮的口径都很小，德国的是37毫米，英国采用的则是口径约40毫米炮。并且基于坦克炮与步兵反坦克炮的目标都是打坦克，双方主战坦克的火炮亦采用同样的小口径。1940年5月，隆美尔指挥的第七坦克师从比利时境内向敦克尔克高速挺进，中途遭遇一支英军的反冲击。面对英军的重型坦克，德军的37毫米反坦克炮束手无策。关键时刻，一个高炮连的88毫米高炮压低炮口，向英军开火，眨眼间击毁英军9辆坦克，迫使英军后撤。这一仗，给隆美尔留

🔺 由于4根炮管每根在1分钟内就能发射20发炮弹，一阵排炮一次就能对付几十辆坦克；有一次，88毫米炮的一阵排炮就击退了50辆坦克。

由于88毫米高炮在反坦克方面的出色表现,德军决定进一步发掘它的潜力,在其基础上研制出专门的反坦克炮。1940年军方责成克虏伯和莱茵钢铁公司展开竞争设计。最后莱茵钢铁公司成为胜利者,其产品被定名为PAK43。

兵器解密

88毫米系列高射炮唯一的缺点是它的高度和重量,这使得它在战斗中的生存更多的是依赖它的火力和射程而不是良好的隐蔽。

下了很深印象,从此88毫米高炮成为了坦克的克星。

作战北非战场

1941年2月,隆美尔率非洲军团开赴北非战场。与对垒英军的武力和火力相比,隆美尔手中的坦克不占优势、就是因为这个不

◀ 兵器简史 ▶

88毫米高炮最初是被用作高射炮的,但它也表现得十分出色。最后才在反坦克发面有了巨大作用。它是德军装备数量最多的高炮,和105毫米及128毫米高炮一道,组成中高空对空防御火力网,保护德国本土的重要工业中心,使其在英美战略空军的大肆轰炸下仍尽可能地维持生产。

足却使88毫米高炮有机会大显身手。在6月的萨拉姆战役中,英军以近240辆坦克向德军占据的海尔法亚隘口发动进攻。当英军坦克接近德军阵地,雾时间,在预先掘好并经过巧妙伪装的工事里,88毫米高炮发出怒吼。英军被打得措手不及、仓惶败退。战争结束后,英军丢下了123辆坦克残骸,其中很多都是88毫米高炮的战果。

> M163 式高射炮的口径为 20 毫米
> M163 式高射炮的初速为 1030 米/秒

M163 式高射炮 》》》

高投掷、高命中率的炮弹是战争中重要的组成部分,对于战争的主动性和攻击性很有必要。1964 年,美国开始研制 M163 式高射炮,在 1965 年正式定型,1968 年 8 月起正式服役,主要装备美军机械化步兵师和装甲师属混合防空炮兵营,与小槲树防空导弹配合使用,主要用于掩护前沿部队,对付低空飞机和武装直升机。

性能特点

M163 式高射炮的射速非常高,火力密度也很大,它对空射击可达 3000 发 / 分,在形成密集杀伤区域后可以打到很小的目标,有很强的杀伤力;而且它的射击方式很灵活,可采用 10、30、60、100 发点射,操作也极其方便,不受电子的干扰;另一方面就是它的装甲防护性能是比较好的,机动能力也强,这些都是 M163 最强的一方面。但是 M163 式高射炮还有它不足的地方,就是其

兵器简史

M163 式高射炮配用弹种 曳光榴弹;曳光穿甲弹;燃烧榴弹;曳光燃烧榴弹,其供弹方式为弹鼓,携弹量 2100 发;车体型号 M741 装甲车底盘,最大行驶速度 68 千米/小时,最大行程 483 千米。通过垂直墙高 610 毫米,越壕宽 1680 毫米,爬坡度 60%,战斗状态全重 12310 千克,装甲厚度 12—38 毫米,里面的乘员为 4 人。

射程较近,威力不足,早期型号不具备全天候作战能力。

主要改进

在后来的发展中,美国对 M163 式自行高射炮火控系统作了改进,在不断地改进中发展成了几种变型炮,有自动跟踪式火神、产品改进式火神和火控系统改进式火神高射炮等。它们的牵引式称为 M167 型。这些改变使 M163 式高射炮的威力和动力变得更加强大,在战争中能更好地发挥其改进后强大的战斗力,从而赢得战场上的主要控制力。

⬆ 海湾战争中,美军机械化部队和装甲部队装备了这种高炮,主要用于掩护前方地域部队空中安全。

M163式高射炮的有效射程为1650米；对空中目标3000发/分钟，对地面目标1000发/分钟；它的管长76倍口径；自动机工作原理为加特林转管式高低射界－5°—＋80方向，射界360°，高低瞄准速度45°/秒和方向瞄准速度60°/秒。

兵器解密

自动跟踪式火神高射炮

在改进后的高射炮中，自动跟踪式火神高射炮主要是改进了雷达，这是因为以前的雷达和装配器系统完全满足不了战争发展的需要，改进后主要采用头盔式瞄准具、高性能伺服系统和新的火控计算机。改进后的雷达作用距离为250—5000米，这样就可以测距、测角和自动选择扇形搜索范围。机电式头盔瞄准具可使雷达天线随动搜索。新的固态电路数字式火控计算机计算前置角并指示射击时间，处理不同弹种和弹道诸元。这样就能很好地提供高射炮在战斗时的性能，操作起来灵活简便，威力也自然就提高了许多。

M163"火神"自行防空炮的火控系统包括一具光学瞄准具和一部测距雷达，雷达可在5000米的距离内跟踪目标。

圆形火控雷达天线位于火炮右侧

6管转管式身管，通常配备圆形炮口箍

单人炮塔，顶部开放

底盘特征同M113装甲输送车

"猎豹" Gepard 高射炮 >>>

"猎豹"自行式高射炮是德国研制的一种履带式 35 毫米双管自行式高射炮，1976 年开始装备德国陆军，比利时也有少量的装备，主要用来跟进掩护装甲部队，也可射击地面目标。该炮是当今世界上技术性能最优越、结构最复杂、造价最高的高射炮之一。荷兰在"猎豹"的基础上发展了"恺撒"—1 高射炮系统，并装备了荷兰的陆军。

技术优越

20 世纪初，在工业革命的趋势下，德国变得强大了起来，尤其是钢铁工业的发展。而在这一时期，正是第一次世界大战在即，德国为了能在战争中获得更多的利益，从而企图统治整个世界，于是在他们的"精心计划下"，世界上第一门自行高射炮就诞生在了德国，这就是"猎豹"自行式高射炮。因此德国也成为世界上最早装备自行式火炮的国家，同时也是对高射炮技术贡献最多的国家，曾经在很长一段时间内引导着高炮的潮流。德国研制的"猎豹"自行式高射炮具有全天候作战能力，使用了 35 毫米高炮技术，采用"豹"I 坦克的底盘，机动性强，不受地形的影响，可在各种地形上高速行驶，而且它还具有三防能力。

身价高

"猎豹"自行式高射炮的火控系统包括雷达、光电和光学三套装置，由于使用了计算机控制，使它的自动化程度高，系统反应时间短，可在 6—8 秒内完成对空中目标的打击，命中率很高，因此造价也非常昂贵，每辆高达 800 万马克，足以购买两辆"豹"I 坦克。如此昂贵的"猎豹"自行式高射炮也只能让人望而生畏。从性价比来说，还是价格适中、性能好的火炮受到的青睐比较多，毕竟

> "猎豹"自行高射炮机动性强，适合在各种复杂的地形上高速行驶。

荷兰"猎豹"和德国"猎豹"的最大不同点就在雷达上。搜索雷达天线形状不同，是两个"猎豹"最主要的识别特征。德国"猎豹"为抛物天线，荷兰"猎豹"则为长条形，横截面呈雨滴状，和日本的87式自行式高射炮差不多。

◀◀◀ 兵器简史 ▶▶▶

从1971年至1974年，联邦德国军方对 B 型系列样炮进行了和使用试验，于1973年9月最后决定装备 B 型自行高射炮，并将其正式命名为"猎豹"35毫米双管自行高射炮。1975年完成了最后对这门炮的研制工作，同期还完成了B式有区别、配有荷兰信号仪器公司的搜索和跟踪雷达式的 C 式35毫米自行高射炮的研制和试验工作。

再生产这些炮弹时，成本和效果还是要优先考虑的。

后期发展

坦克高度统一以后，德国联国防军进行了大规模精简整编，但是"猎豹"35毫米双管自行高射炮一直是陆军防空的主战炮。为了适应20世纪90年代和21世纪初的战争需要，德国军方早在20世纪80年代就对"猎豹"进行了技术改造。主要改进的方面有：改用的数字式火控计算机采用新型的控制板及电子设备接口装置，提高了武装直升机、空中机动和地面以东的目标的打击能力；采用的新型弹药引信，增大了有效射程，提高了杀伤威力，缩短了设计反应时间，增强了防护性能，改善了人机接口装置，加装了空调系统，提高了系统的可靠性、可用行和使用寿命；采用新型的SME93型无线电视台，改进后的"猎豹"可以一直使用到21世纪初期。

冷战时期，"猎豹"自行高射炮一直是苏联空军最忌悍的防空利器。

> "通古斯卡"火炮的性能是很强的
> "通古斯塔"最适合于全地形掩护装甲部队

"通古斯卡"2C6M 高射炮 »»

战争是无处不在的,在科技还没有发展的过去,基本所有的战争只是停留在地面的决斗,而且也是近距离的作战。但是随着社会的进步,科技的发展,飞机的出现或者是战争距离的拉大,战争已经由地面延伸到了空中或者是更远的敌我双方,但是在作战时,战斗的空间既会有高空的对决,也或有低空的较量。

低空杀手

"通古斯卡"弹、炮一体,它不但具有小口径高炮的优点而且还具有防空导弹的优点。在它的机身,炮塔的两侧各装有2门30毫米的机关炮,在炮下方装有一部四联装导弹发射装置,可以装8枚9M311("萨姆"-19)防空导弹,使有效杀伤距离从200米增至8千米。而且"通古斯卡"火力密度大,歼毁

◀ 兵器简史 ▶

"通古斯卡"2C6M 高射炮的炮塔位于底盘中部偏前位置,其两侧各配置一门高炮,炮身有冷却液套管,略显粗大,炮口有框形初速测量装置,SA-19 导弹四联一组,上下双排配置,分置于炮塔两侧火炮身管根部。炮塔前方有圆形雷达天线,与德国猎豹式双35毫米高炮配置方法相同,顶部有弧面形雷达天线,使用时架起。

率高,火炮的歼毁概率为60%,导弹的歼毁概率为65%,而本系统歼毁的概率为85%。不论是在什么样的作战环境下,它都能对各种环境有较强的适应能力,不会因为环境的干扰而影响作战的能力,使威力大大地降低。它既适宜对付武装直升机,又可以打击执行近距离支援任务的固定翼直升机,可以说是多功能的战斗武器。所以说,在战争中越是武器厉害,就越能够在战争中取得胜利。

性能优越

"通古斯卡"2C6M 的整个系统是由高

"通古斯卡"是当今世界上火力最强的防低空机动武器系统

兵器
解密

苏联于20世界80年代初开始研制，1987年投产，1988年装备部队，是某些坦克团防空营的主要装备。西方称之为M1986式30毫米高炮，是世界上第一种装备部队的弹炮结合防空系统。其改进型"通古斯卡－M1"式弹炮结合自行防空系统已被俄罗斯推向国际市场出售。

🔊 "通古斯卡－M1"机动性强，可适应复杂的地形环境。

炮、低空导弹、雷达系统组成。"通古斯卡"2C6M本身就具有的搜索、跟踪、光学瞄具、导弹和火炮同车装载，使得它的反应更快，在没有其他的帮助下，可以单车独立作战，而且在作战时它的机动能力也是很强的。因为它采用了T－72坦克的变形底盘，使得速度变快，越野能力也非常强，同时可伴随坦克、机械化部队作战。而且它的随伴掩护能力也是强大的，因为其采用了全焊接结构钢质炮塔，使它的防护能力变强，可有效防止破片的杀伤。

改进型"通古斯卡－M1"

改进型"通古斯卡－M1"采用的是改进型自动目标攻击模式。如果将其应用于战争时，它可以将攻击时系统对空中威胁的反应时间缩短至8秒。另外还采用了改进型车载稳定系统、雷达信息处理机和火控系统。"通古斯卡－M1"改进型系统在抗击敌方干扰的整体效能是基本型"通古斯卡－

M1"的1.3—1.7倍。但是目前它仍然只能发射与原系统相同的9M111式防空导弹。这说明原有的系统在发展中的武器更新过程中，还是起着不可磨灭的作用。

全天候作战

因为"通古斯卡"防空系统作战能力的优越性表现，使得"通古斯卡"防空系统在军队里知名度非常高，其作战性能优于世界上的同类防空系统。"通古斯卡"火控系统包括搜索雷达、跟踪雷达、光电设备、敌我识别装置和数字式弹道计算机。其中搜索雷达的作用距离为13千米。尤其是它的无线电——光学控制系统以其高度的抗干扰性和定位的准确性而著称，可以在行进中打击到目标，这样的打击目标可以是在任何气候条件下进行的，再就是无论是白天还是黑夜，它都可以打击到任何目标。

🔊 改进型"通古斯卡－M1"

兵器
知识

> 激光炮的威力特别大,称得上是"炮中王"
> 眼镜蛇激光枪,于20世纪90年代装备
> 美国部队

激光炮 >>>

随着科技的不断发展,火炮不仅仅停留在人工投掷阶段,利用高科技,我们可以遥控控制炮的发射,激光炮就是这一类产物。所谓激光炮,就是一种高能激光武器,利用强大的定向发射激光束直接毁伤目标或使之失效。目前,国外已有一种红宝石袖珍式激光枪,它能在距人几米之外烧毁衣服、烧穿皮肉,且无声响,在不知不觉中致人死亡。

研制成功

最早的激光炮是美国研制成功的眼镜蛇激光枪,于20世纪90年代中期装备部队,它曾经在沙漠风暴行动中使用。在美国新墨西哥州白沙导弹靶场进行的实弹打靶中,这种激光炮不但击落了单发迫击炮弹,而且还摧毁了齐射的迫击炮弹。试验表明,激光炮可以用于战场打击多种常见目标,这样,激光武器也从最初主要设想用于反制卫星、导弹和飞机这类昂贵目标,扩大到对一切战场工具的打击。

兵器简史

在美国陆海空各自努力把激光炮作为重点研究项目时,美军还计划把激光炮搬到太空轨道或卫星上去,此举将打破太空无武器的界限。在实际战斗中,可用它对对方的空中目标实施闪电般的攻击,以摧毁对方的侦察卫星、预警卫星、通信卫星、气象卫星,甚至能够将对方的洲际导弹摧毁在助推的上升阶段。

威力无比

激光炮在一秒钟内能发射1000发"光弹",光弹就是威力无比的"强光束"。它靠远警雷达测定敌方导弹或飞机飞行的方位、距离、高度、速度等,经过电子计算机迅速处理后,准确无误地命中目标,利用激光的特性还可以制成武器。低能激光武器如激光枪,重量轻、体积小,可由步兵手持作战,1500米的距离外使用也能烧瞎敌人眼睛,烧焦皮肤,使衣服、树木、房屋起火。高能激光武器是激光炮。它能摧毁敌方的导弹,如2.5倍音速动作灵活的"响尾蛇"。

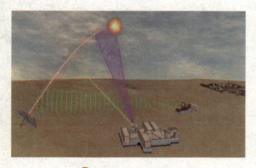

🎧 激光炮的工作原理

根据作战用途,这种新型武器分为战术激光武器和战略激光武器两大类。战术激光武器是利用激光作为能量,像常规武器那样直接杀伤敌方人员、击毁坦克、飞机等,打击距离一般可达 20 公里。这种武器主要代表有激光枪和激光炮。

⊙ 激光炮

太空激光炮

在美国陆海空各自努力把激光炮作为重点研究项目时,美军还计划把激光炮搬到太空轨道或卫星上去,此举将打破太空无武器的界限,在实际战斗中,可用它对对方的空中目标实施闪电般的攻击,以摧毁对方的侦察卫星、预警卫星、通信卫星、气象卫星,甚至能将对方的洲际导弹摧毁在助推的上升阶段。高基高能激光武器是高能激光武器与航天器相结合的产物。

陆基激光炮

美国为检验激光武器打导弹的效果,曾于 1978 年用战术激光炮成功地击落一枚"陶"式反坦克导弹;1979 年又用海军建造的 2.2 兆瓦的中红外化学激光器成功地将一枚"大力神"洲际导弹的助推器击毁;1983年用装在空中加油机上的 400 千瓦的二氧化碳激光武器击落 5 枚"响尾蛇"空对空导

弹。不过,在最近几年成功的靶场试验中,唱主角的是陆军。

海基激光炮

为海军潜舰装备激光武器系统的发展是海军未来"海上打击"概念的一部分。早在上个世纪 70 年代,美国海军就开始了此项技术的研究,之后斥资开发了中型红外高级化学激光器,这是西方世界研制出的首台百万瓦特级连续波化学激光器。此后该型激光器一直被作为美国国防部高能激光器项目的测试平台。"冷战"结束后,美国海军的作战环境发生了巨大变化,海军也开始了它的作战转移,即从大海作战转变为沿海作战,作战形式也由进攻型海战转变为舰只自卫。因此,海军的高能激光武器计划也必须进行调整。

⊙ 激光加能炮,它的威力足可以击毁一架飞机。

> 电磁炮的发明必然离不开电的发明
> 目前电磁炮能够发射的炮弹质量仍不好

电磁炮 >>>

电磁炮是利用电磁发射技术制成的一种先进的动能杀伤武器。与传统的大炮将火药燃气压力作用于弹丸不同,电磁炮是利用电磁系统中电磁场的作用力,其作用的时间要长得多,可大大提高弹丸的速度和射程,因而引起了世界各国军事家们的关注。自20世纪80年代初期以来,电磁炮在未来武器的发展计划中已成为越来越重要的部分。

早期的研制过程

在1845年,查尔斯·惠斯通制作出了世界第一台磁阻直流电动机,并用它把金属棒抛射到20米远。此后,德国数学家柯比又提出了用电磁推进方法制造"电气炮"的设想。而第一个正式提出电磁发射/电磁炮概念并进行试验的是挪威奥斯陆大学物理学教授伯克兰。他在1901年获得了"电火炮"专利。1920年,法国的福琼·维莱普勒发表了《电气火炮》文章。几乎同时,美

国费城的电炮公司研制了用于火炮的电磁加速器。

"二战"中的努力

第二次世界大战战期间,在军事需求的刺激下,德国、日本都研制过电磁炮。德国的汉斯莱曾将10克弹丸用电磁炮加速到1.2千米/秒的初速。但是在"二战"后,关于电磁炮的消息就比较少了,人们似乎更加关心磁悬浮与高温超导技术了。究其原因,大概是解决不了瞬时巨大能源供应的稳定性和小型化问题。

电磁炮的发明成为可能

在20世纪70年代,澳大利亚国立大学的查里德·马歇尔博士运用新技术,把3克弹丸加速到了5.9千米/秒。这一成就从实验上证明了用电磁力把物体推进到超高速度是可行的。他的成就在1978年公布后,引起了各国军方的特别关注,美国国防委员会得出"未来高性能武器必然以电能为基础"的结论。美国国防部成立了"电磁炮联

● 电磁炮

电磁炮主要由能源、加速器、开关三部分组成。能源通常采用可蓄存10—100兆焦耳能量的装置。目前实验用的能源有蓄电池组、磁通压缩装置、单极发电机，其中单极发电机是近期内最有前途的能源。加速器是把电磁能量转换成炮弹动能，使炮弹达到高速的装置。

电磁炮的发射

"合委员会"，协调军队、能源部、国防原子能局及战略防御倡议机构分散进行电磁炮研究工作。

1992年，美国已把一门口径90毫米、炮口动能9兆焦的电磁炮样炮推到尤马靶场进行试验。电磁炮从实验室到靶场说明，电源小型化技术已有所突破。此后，澳、美科学家制造了不同类型的试验样机，并进行过多次发射试验。用单极发电机供电的电磁炮，已能把318克重的炮弹加速到4200米/秒的速度。磁通压缩型电磁炮已能将2克重的炮弹加速到11000米/秒的

速度。这样就使完整的电磁炮的出现成为可能。

工作原理

电磁炮要发射，那么如何产生驱动炮弹的磁场，并让电流经过炮弹，使它获得前进的动力呢？一个最简单的电磁炮设计如下：用两根导体制成轨道，中间放置炮弹，使电流可以通过三者建立回路。把这个装置放在磁场中，并给炮弹通电，炮弹就会加速向前飞出。在1980年，美国西屋公司为"星球大战"建造的试验电磁炮基本就是这样的结构。它把质量为300克的炮弹加速到了每秒约4千米。如果是在真空中，这个速度还可提高到每秒8—10千米，这已经超过了第一宇宙速度。

兵器简史

电磁炮的原理非常简单。19世纪，英国科学家法拉第发现，位于磁场中的导线在通电时会受到一个力的推动；同时，如果让导线在磁场中作切割磁力线的运动，导线上也会产生电流。电磁炮不过是一种比较特殊的电动机，因为它的转子不是旋转的，而是作直线加速运动的炮弹。

电磁炮的工作原理

炸弹世界

　　炸弹是一种填充有爆炸性物质的武器。炸弹主要利用爆炸产生的巨大冲击波、热辐射与破片对攻击目标造成破坏，另外也有像中子弹这样产生大量中子放射线，主要对生物造成伤害，避免对如建筑等物品造成损害，使经济损失减少到最小的特殊炸弹。控制炸弹引爆的装置有定时器、遥控器、各种传感器、激光等，炸弹多用于战争、恐怖活动等场合。

兵器知识 > 手榴弹最先是由中国人发明的
俄罗斯主要有进攻型、防御型手榴弹等

手榴弹 >>>

手榴弹是一种用手投掷的弹药,拉开低端的线圈,扔向目标,它就会在既定的目标爆炸,产生巨大的威力。因 17 世纪、18 世纪欧洲的榴弹外形和碎片有些似石榴和石榴子,故得此名。它是使用较广、用量较大的弹药,手榴弹由于体积小、质量小,携带、使用方便,曾在历次战争中发挥过重要作用。

手榴弹的起源

在 15 世纪的欧洲出现了装黑火药的手榴弹,当时主要用于要塞防御和监狱。17 世纪中叶,欧洲一些国家在精锐部队中配备了野战用手榴弹,并把经过专门训练使用这种弹药的士兵称为掷弹兵。到 19 世纪,随着枪炮的发展和城堡攻防战的减少,手榴弹曾一度受到冷遇。

重新被利用

第一次世界大战期间,在 1904 年日俄战争中,手榴弹又在战场上发挥了作用。战

↑ 第一次世界大战德军手榴弹以及奥匈帝国陶瓷手榴弹。

▶ 兵器简史

"二战"期间手榴弹的发展主要表现在以下几个方面:①改进发火方式,出现了方向碰炸机构,并开始应用在手榴弹引信上;②将空心装药结构用于手榴弹战斗部,成为反坦克手榴弹;③各种特种手榴弹相继出现,如发烟、燃烧、催泪、震晕手榴弹等;④新材料开始在手榴弹上应用。

争中,由于堑战壕的兴起,从而使手榴弹得到了广泛应用。当时较为典型的手榴弹有德国的木柄手榴弹和英国的菠萝形米尔斯式手榴弹等。这些手榴弹亦为后来手榴弹的发展奠定了基础。第二次世界大战期间,手榴弹不仅应用广泛,而且得到了迅速发展,出现了空心装药反坦克手榴弹。这些新手榴弹的形式和作用多样化,在战争中也会也来越起到找那个要的作用。

战后的发展

20 世纪中期,电子引信、钢丝缠绕的半预制和钢珠全预制高速小破片、塑料及其他

现代手榴弹不仅可以手投,同时还可以用枪发射。按用途,手榴弹可分为杀伤、反坦克、燃烧、发烟、照明、防暴手榴弹以及演习和训练手榴弹;按抛射方式,它又可分为两用(手投、枪发射或布设)、三用(手投、枪发射和榴弹发射器发射或布设)、多用等。

非金属材料等在手榴弹上的应用,使手榴弹的发展进入一个新阶段。美国的M26式手榴弹、英国的L2A1式手榴弹、比利时的PRB423式手榴弹等都是这一时期出现的典型产品。

手榴弹的真面目

我们通常使用的所有手榴弹都包括三个基本组成部分:弹体、装药和引信。弹体用于填装炸药,有些手榴弹的弹体还可生成破片。弹体可由金属、玻璃、塑料或其他适当材料制成。弹体材料的选择对手榴弹的杀伤力和有效杀伤距离具有直接影响。铝或塑料弹体产生的碎片及破片要比钢制弹体小得多,而且也轻得多,因此动能的消失速度也就快得多。但从另一方面讲,铝或塑

手榴弹等武器在我国有一定历史。

料破片在近距离上可致人重伤,而且对伤员动手术也困难得多,所以手榴弹的杀伤力还是不可低估的,它在战争中的应用本身就有其巨大的作用。

手榴弹的演练的过程

兵器知识 ▷ 地雷埋在地下50年后仍具有杀伤力
地雷是我国抗日战争中最会应用的武器

地　雷 》》

> **说**起地雷，就让我们想起了电视剧里那些有名的"地雷战"，士兵将地雷埋在地下，等到敌人踩到上面，地雷就爆炸了。我们不得不承认，地雷的威力让我们大开眼界，是战争中不可缺少的厉害武器。那么地雷究竟是怎样的？地雷是一种价格低廉的防御武器，埋入地表下或布设于地面的爆炸性火器，最早的地雷发源于中国。

地雷的起源

地雷在我国约有 500 多年的历史，在 1130 年，金军攻打陕州，宋军使用埋设于地面的"火药炮"（即铁壳地雷），给金军以重大杀伤而取胜。到了明朝初年，中国出现了采用机械发火装置的真正的地雷。据 1413 年焦玉所著《火龙经》一书所载："炸炮制以生铁铸，空腹，放药杵实，入小竹筒，穿火线

■ 兵器简史 ■

20 世纪 60 年代，一些国家着手研制用飞机、火炮和火箭撒布反坦克地雷，德国的火箭布雷系统使用"拉尔斯"轻型车载式 36 管火翻腾炮，一次可发射 36 枚 110 毫米火箭布雷弹，每枚弹由装有 8 个 AT-1 型炸履带防坦克地雷或多或少个 AT-2 型聚能破甲防坦克地雷。

于内，外用长线穿火槽，择寇必由之路，连连数十埋入坑中，药槽通接钢轮，土掩，使贼不知，踏动发机，震起，铁块如飞，火焰冲天。"可以看出"炸炮"不仅是最早的压发地雷，还与今天的"连环雷"相似，"地雷"一词也由此而出。

"钢轮发火"的地雷

1580 年，中国明朝名将戚继光驻守蓟州时，曾制造一种"钢轮发火"地雷，当敌人踏动机索时，钢轮转动与火石急剧摩擦发火，引爆了地雷。钢轮发火装置提高了地雷发火时机的准确性和可靠性。在明代文献

⬆ 地雷是一种埋入地表下或布设于地面的爆炸性火器，最早的地雷发源于中国。

早期的地雷多是用石头打制成圆形或方形，中间凿深孔，内装火药，然后杵实，留有小空隙插入细竹筒或苇管，里面牵出引信，然后用纸浆泥密封药口，埋在敌人必经之处，当敌人将近时，点燃引信，引爆地雷。这种石雷又叫"石炸炮"。其构造简单，取材方便，广泛使用于战斗。

中已有多种地雷的详细记载，这说明当时中国的地雷已发展到一定的水平，而欧洲在15世纪的要塞防御战中才开始出现地雷。19世纪中叶以后，各种烈性炸药和引爆技术的出现，才使地雷向制式化和多样化发展，从而诞生了现代地雷。

分　类

防步兵地雷是1903年前后由俄国研制。这是最早的制式化生产的地雷，在日俄战争中首次实战应用，取得了一定效果。1916年，坦克出现在第一次世界大战的战场上，这导致了防坦克地雷的诞生。受坦克威胁最大的德国人在1918年将炮弹改装成防坦克地雷，用于对付英、法军的坦克，获得了一定的战果。

🔺 早期人们用老鼠来检测地雷装置。地雷埋在地下50年后仍具有杀伤力，正是由于这个原因，全球各国都在努力清除地雷。要清除地雷，首先必须确定地雷的埋藏位置，这些地雷被埋在全球几十个国家内，数量达百万之多。

🔻 地雷是一种便于制造、廉价高效的武器，可以方便地布置在很大的范围内，以阻止敌人前进。

> 磁性水雷是最早诞生的一种
> 舰载反水雷是用来发现、消灭水雷的

水　雷 >>>

水雷是最古老的水中兵器，它的故乡在中国。它是布设在水中的一种爆炸性武器，它可由于舰船碰撞或进入其作用范围而起爆，用于毁伤敌方舰船或阻碍其活动。水雷最早是由中国人发明的，它用于打击当时侵扰中国沿海的倭寇，在对付这些海盗上起了很大的作用，在后来的近现代的许多战役中，它也立下了汗马功劳。

中国最早的水雷

明朝嘉靖年间，我国东南沿海经常有倭寇船只侵袭。为了对付海盗的入侵，人们将火药装在木箱内，并用油灰粘缝，制成一种靠拉索发火的锚雷，专门打击敌船。16世纪末，又相继发明了用牛脬做成的漂雷——"水底龙王炮"和沉底雷——"水底鸣雷"，1621年，"水底龙王炮"和"水底鸣雷"先后被改进为碰线引信的触发漂雷，并多次在海战中毁伤敌船。

🔶 早期的鱼形水雷

◄══ 兵器简史 ══►

20世纪80年代，一些阿拉伯国家曾在红海和波斯湾布设了一些发现式水雷，有十几艘过往的商船和油轮触雷，护航的美国军舰也被炸伤。这说明，在现代海战中，水雷是不可缺少的武器。一枚制造成本所费无几的老式水雷就足以置一艘造价数千万乃至上亿美元的现代化军舰于死地。

欧美国家的水雷

西方国家最早出现水雷是在1769年的俄土战争期间，当时俄国工兵初次尝试使用漂雷，炸毁了土耳其通向杜那依的浮桥。此后，各型水雷不断地被研制和改进，并广泛使用。在美国南北战争和1905年的日俄战争中，水雷战果颇佳。从此，各国更加重视水雷战，投入了大量人力、物力加紧研究和制造各种水雷。在第一次世界大战中，各交战国共布设各型水雷31万枚，共击沉水面舰艇148艘，击沉潜艇54艘，击沉商船586艘，总计122万吨。

大量使用锚雷外,还出现了新型的非触发水雷,如磁感应水雷、音响水雷;战争后期又出现了水压水雷。整个战争中,各国通过水面舰艇、潜艇和飞机布设的 80 枚各种触发和非触发水雷,共毁沉舰船 3000 余艘。

兵器解密

战争中的英雄

在第二次世界大战期间,水雷的使用已经达到高峰。战争期间,各国共布设了 110 万枚水雷,炸沉舰船 3700 余艘。在 1952 年朝鲜战争中,朝鲜人民军在元山港外布放了 3000 多枚水雷,美军出动了 60 艘扫雷舰和 30 多艘保障舰船,外加不少扫雷直升机进行清扫,结果使美整个登陆计划推迟达 8 天之久。在此后的越南战争、中东战争、海湾战争中,水雷都得到充分地应用,发挥了巨大的威力。尤其是海湾战争中,伊拉克海军舰艇基本上无所建树,只有布设下的 1200 余枚水雷损伤了多国部队 9 艘舰艇,其中仅美国就有 4 艘战舰被毁伤。

水雷分类

水雷种类很多,按水雷布设后在水中状态区分,有漂雷、锚雷、沉底雷三种。漂雷没有固定位置,随波逐流,在水面漂浮。锚雷是一种固定在一定深度上的水雷,靠雷锚和雷索固定在一定深度上。根据锚雷重量又可分为大、中、小三型。沉底雷沉没在海底,它也可分为大、中、小三型。按水雷引爆方式区分,有触发水雷、非触发水雷和控制水雷三种。触发水雷是要与敌方舰船相撞才会引爆,触发水雷大多属于锚雷和漂雷。非触发水雷是利用敌方舰船航行时产生是声波、磁场、水压等物理场来引爆水雷。

爆炸的水雷

兵器知识

> 战斗部是鱼雷武器唯一有效载荷
鱼雷一般按轻、重两个系列发展

鱼　雷 》》》

鱼雷看起来就像是一条鱼，它是一种水中兵器，可从舰艇、飞机上发射，它发射后可自己控制航行方向和深度，遇到舰船，只要一接触就可以爆炸，用于攻击敌方水面舰船和潜艇，也可以用于封锁港口和狭窄水道。诞生于19世纪初的撑杆雷是用一根长杆固定在小艇艇艏，海战时小艇冲向敌舰，用撑杆雷撞击爆炸敌舰。

鱼类的"身世"

　　1864年，奥匈帝国海军的卢庇乌斯舰长把发动机装在撑杆雷上，利用高压容器中的压缩空气推动发动机活塞工作，带动螺旋桨使雷体在水中航行攻击敌舰。但由于航速低、航程短、控制不灵，卢庇乌斯的发明未投入使用。1866年，曾参与撑杆雷改装

罗伯特·怀特黑德(1823年—1905年)鱼雷发明者。

◀━━ 兵器简史 ━━▶

　　在第一次世界大战开始时，鱼雷已被公认为是仅次于火炮的舰艇主要武器。第一次世界大战期间，被鱼雷击沉的运输船吨位总数达1153万吨，占被击沉运输船总吨位的89%；舰艇162艘，占被击沉舰艇总数的49%。第二次世界大战期间，被鱼雷击沉的运输船吨位总数达1366万吨，占被击沉运输船总吨位的68%；舰艇达369艘，占被击沉舰艇总数的38.5%。

工作的英国工程师罗伯特·怀特黑德成功地研制出第一枚鱼雷。因其外形似鱼，而称之为"鱼雷"，并根据怀特黑德的名字命名为"白头鱼雷"。几乎与卢庇乌斯和怀特黑德同时，俄国发明家亚历山德罗夫斯基也研制出类似的鱼雷装置。

鱼雷的发明

　　1887年1月13，俄国舰艇向60米外的土耳其2000吨的"因蒂巴赫"号通信船发射鱼雷，将其击沉。这是海战史上第一次用鱼雷击沉敌舰船。很快德国也产出了改进

鱼雷雷身形状似柱形,头部呈半圆形,以避免航行时阻力太大。它的前部为雷头,装有炸药和引信;中部为雷身,装有导航及控制装置;后部为鱼尾,装有发动机和推进器等动力装置,鱼雷的动力系统能源分别为燃气和电力等。

兵器解密

➡ 反潜鱼雷是专门用来攻击潜艇的自导鱼雷。

型黑头鱼雷,在亚洲得到广泛地使用。而1899年,奥匈帝国的海军制图员路德格·奥布里将陀螺仪安装在鱼雷上,用它来控制鱼雷定向直航,制成世界上第一枚控制定向的鱼雷,大大提高了鱼雷的命中精度。1904年,美国人E·W·布里斯发明发热力发动机代替压缩空气发动机的第一条热动力鱼雷亦称蒸汽瓦斯鱼雷,使鱼雷的航速提高至约65千米/小时,航程达2740米。

发展趋势

21世纪反潜、反舰形势更加严峻,由于鱼雷具有隐蔽性、大的水下爆炸威力和自导寻的的精确制导,鱼雷在水下的作战地位越来越高,它不仅是未来海战有效的反潜武器,而且也是打击水面舰船和航空母舰、破坏岸基设施的重要手段。因此,世界各国都非常重视鱼雷武器的发展,并根据未来海战的需求和各自的战术思想,结合本国的特点,选择不同的技术道路发展鱼雷武器。

⬆ 鱼雷是一种水中兵器。它可从舰艇、飞机上发射,它发射后可自己控制航行方向和深度,遇到舰船,只要一接触就可以爆炸。用于攻击敌方水面舰船和潜艇,也可以用于封锁港口和狭窄水道。

> 美国航弹通常分为 100 磅、250 磅等分子间炸药，能有效提高航弹的杀伤力

航空炸弹 》》》

航空炸弹简称为航弹，它是从航空器上投掷的一种爆炸性武器，是轰炸机和战斗轰炸机、攻击机携带的主要武器之一，俗称炸弹。因为航弹外壳通常由铸铁、铸钢制成，而且它是普通自由落体炸弹，与如今铺天盖地的精确打击武器相比，颇让人有一种呆板迟滞的感觉，所以我们常常将航空炸弹戏称为"铁疙瘩"。

身世起源

1849 年，在飞机诞生之前，奥地利军队就已经利用不载人气球向意大利的威尼斯城投下炸弹，这是世界上首次空投炸弹。1911 年 11 月 1 日，意大利军队从飞机上向利比亚的土耳其军队投掷了 4 枚由手榴弹改制的重量约为 2 千克的炸弹，这是世界上首次飞机轰炸。奥地利和意大利都声称拥有航空炸弹的发明权。1914 年第一次世界大战爆发，欧洲各国刚刚建立了航空部队，在主要执行侦察任务同时，也经常从飞机上向敌军投掷炸弹。但直到这时，各国使用的还是炮弹手榴弹，从严格的意义上说，它还

兵器简史

最早的制导炸弹可以说是空对地导弹的起源。制导航空炸弹通常被称为制导炸弹，又称可控炸弹，它是投放后能对其弹道进行控制并导向目标的航空炸弹。制导炸弹是在普通航弹的基础上增加制导装置而成的，增大了起稳定性的尾翼翼面，一般没有推进系统或仅装有小动力推进系统。

不是真正的航空炸弹。

真正发明的归属

航空炸弹由哪国谁人发明，已无从考证。而俄国人认为，世界最早的专用航空炸弹是由设计师 B · B · 奥拉诺夫斯基于 1909 年—1914 年研制的。他设计的航空炸弹、杀伤弹有 5 种型号，爆破弹有 8 种型号，重量从 600 千克到 4 吨不等。1916 年，俄国的 A ·

英国在二次世界大战使用过的 22000 磅大满贯航空炸弹。

兵器解密

通常我们称重量在50千克以下的航弹为小型航弹，100—500千克为中型航弹，以上为大型航弹。在结构上，航弹一般包括弹体、弹翼、引信、装药等。作战时，作战飞机将航弹投掷向目标，命中时以冲击波、破片、火焰等各种杀伤效应实现对目标的毁伤。

雅科夫列夫设计的最早的航空燃烧弹也装备了俄国军队。而德国认为，他们于1912年研制出来的M·APR型炸弹才是世界上第一种航空炸弹。但不论航空炸弹的发明权属谁，可以肯定的是真实意义上的航空炸弹是在第一次世界大战期间随着作战飞机的出现而面世的，大战期间交战双方共投炸弹5万多吨。

"二战"期间的发展

在第二次世界大战期间，航空炸弹得到迅速发展，出现了集束炸弹、子母炸弹、穿甲炸弹和凝固汽油燃烧弹等新型航弹，航弹的重量也达到了数吨以上。英国曾制造过重达10吨的"大满贯"炸弹，1945年3月14日用兰开斯特重型轰炸机投放，炸毁了德国的比勒菲尔德高架铁路。"大满贯"至今仍

是实战中使用过的世界上最重的航空炸弹。"二战"期间，德国和美国相继研制出制导炸弹。

无线电的应用

20世纪30年代末至40年代初，德国最先研制成功并使用采用无线电制导方式的炸弹HS-293和FX-1400。HS-293有V2和V3两种型号，分别于1940年5月和7月研制成功，它们是在SC-500型普通航空炸弹上加装弹翼、尾翼和制导装置制成的飞机型无动力滑翔炸弹，重约800千克。FX-1400是一种轴对称制导炸弹，全弹重1800千克，无推进系统。1944年，德国在空袭意大利舰队时曾多次使用这两种炸弹，击沉了4.25吨的"罗马"号战列舰。

"二战"期间
德国使用的炸弹

图书在版编目（CIP）数据

战争之神：火炮炸弹的故事 / 田战省编著. —长春：北方妇女
儿童出版社，2011.10（2020.07重印）
（兵器世界奥秘探索）
ISBN 978-7-5385-5697-1

Ⅰ. ①战… Ⅱ. ①田… Ⅲ. ①炮弹—青年读物②炮弹—少年读
物 Ⅳ. ①E932.2-49

中国版本图书馆 CIP 数据核字（2011）第 199123 号

兵器世界奥秘探索

战争之神——火炮炸弹的故事

编 著	田战省	
出 版 人	李文学	
责任编辑	张晓峰	
封面设计	李亚兵	
开 本	787mm×1092mm 16 开	
字 数	200 千字	
印 张	11.5	
版 次	2011 年 11 月第 1 版	
印 次	2020 年 7 月第 4 次印刷	
出 版	吉林出版集团 北方妇女儿童出版社	
发 行	北方妇女儿童出版社	
地 址	长春市福祉大路5788号出版集团	邮编 130118
电 话	0431-81629600	
网 址	www.bfes.cn	
印 刷	天津海德伟业印务有限公司	

ISBN 978-7-5385-5697-1   定价：39.80元